科学图书馆　海洋生命

LIFE IN THE SEA

富饶的盐水湿地

The Saltwater Wetland

[美] 帕姆·沃克　伊莱恩·伍德 著　崔岚 译

上海科学技术文献出版社

图书在版编目（CIP）数据

富饶的盐水湿地/(美)帕姆·沃克等著；崔岚译. --上海：上海科学技术文献出版社，2011.1
(海洋生命)
ISBN 978-7-5439-4631-6

I.①富···Ⅱ ①帕··· ②崔···Ⅲ. ①海洋生物-青少年读物 Ⅳ. ①Q178.53-49

中国版本图书馆CIP数据核字(2010)第258893号

Life in the Sea:The Saltwater Wetland

图字:09-2006-315

责任编辑：杨建生
美术编辑：徐　利

海洋生命
富饶的盐水湿地
[美]帕姆·沃克　伊莱恩·伍德 著
崔 岚 译
*
上海科学技术文献出版社出版发行
(上海市长乐路746号　邮政编码200040)
全 国 新 华 书 店 经 销
江 苏 常 熟 市 人 民 印 刷 厂 印 刷
*
开本787X960　1/16　插页4　印张6.75　字数95 000
2011年1月第1版　2011年1月第1次印刷
ISBN 978-7-5439-4631-6
定价：16.80元
http://www.sstlp.com

内容简介

《富饶的盐水湿地》是“海洋生命”系列丛书（共六本）中的一本。这本书为我们描述了海洋五大区域之一 ——河口湾和盐水湿地——独特的自然特征和生物特征。在这里，我们可以详尽地了解到河口湾体系的地质特性，盐水湿地中生存的微生物、真菌和植物以及生活在河口湾的一些无脊椎动物、鱼类和脊椎动物。通过此书作者希望能够唤起人们对全球范围内河口湾地区现状和未来的关注。

前　言

约35亿年前，地球上第一抹生命的火花点燃于海洋之中。时至今日，海洋这一广阔无垠的水域依然是地球上最复杂多样的生物系统。大洋的无垠及其蕴涵的财富令人叹为观止，占地球表面积近2/3的巨大水域承载着太阳系中最为丰富多彩的生命群落。水下世界的浩瀚，令人心驰神往；海纳百川的博大，任想象力自由飞翔。

人们热爱海洋的广阔与其彰显出的力量感，美国近一半的人口居住在沿海地带。如今，将海边作为度假首选，或梦想定居于沿海的热潮已成为一种趋势。在对海洋的研究活动中，有人钟情于对海洋整体环境的了解，有些人则喜欢对隐藏于大洋之中的特定物种进行研究，这两种派别的发展，带动了许许多多热爱海洋水生物、潜水，甚至深海捕捞的人们去接近海洋、了解海洋。在美国的中小学以及大学里，海洋学作为一门基础学科，已成为学生们需要学习的课程；各科研机构更是将对海洋的研究不断深化、发展，令海洋科学更加系统化、专业化，使其步入神圣的科学殿堂。

唤醒人类对海洋及海洋生命本能的热爱，是本书的宗旨。作为“海洋生命”系列丛书的一个分支，本书将带领读者走进神秘莫测的海底世界，去窥探汹涌波涛下的生命奇观。同时，也将逐步揭开当今时代人类与海洋的关系。

在人类活动对海洋的影响的问题上，本书做了深入的探讨。纵观整个历史，人类对自然的影响力从未像现今这样至关重要。曾经，我们认为海洋是一种无限的、可再生的资源，因而对其进行任意的掠夺。然而，严酷的后果使我们意识到海洋系统的脆弱，由于我们先前的麻痹大意，海洋资源面临着被过度开采的危险。随着对海洋的认识和理解的深入，人们清醒地意识到保护海洋资源的重要性。现今，越来越多的人致力于改善陆地生命与海洋生命的相互关系，让我们的生存环境变得更加美好和谐。

鸣　谢

此次学习和探究海洋生命的写作机会，使我们回忆起了童年时光与大海结缘的种种逸事。与其他家庭一样，我们每年夏天都会去海滩露营。在那里，我们尝到了人生第一口海水的苦涩，经历了第一次拨弄海胆的新奇。由于童年对海洋的热爱，我们都立志成为一名海洋生物学家，梦想着令人激动的航海生涯。为受伤的海豹治疗、探索神秘的海底峡谷、寻找尚未被发现的物种……种种憧憬常常让我们兴奋得彻夜难眠。但随着年龄的增长，繁重的教学工作使我们没办法分出足够的时间去大洋中漂泊。不过，时间与距离的限制从未磨灭我们对大海的热情与崇敬。

我们惊喜于得到一个如此珍贵的机遇，使我们能以自己长期对海洋的研究结果以及无比的热情为平台去撰写这样一本关于海洋生命的书籍。在这里，我们要郑重地感谢FACTS ON FILE出版公司的主编Frank.K.Darmstadt先生。感谢他在撰写本书过程中对我们耐心的指导。Frank先生对本书的语言风格及陈述重点提出了许多宝贵意见。同时，我们还要感谢Katy Barnhart女士对本书排版工作所做出的专业指导。

另外，我们要特别感谢所有参与本书编撰工作的朋友，他们的专业意见使本书的出版成为可能。在出版过程中，Audrey McGhee夜以继日地为本书做了校对工作。Dian Kit Moser、Ray Spangenburg和Bobbi McCutcheon等富有经验的作家为本书的图片提供了宝贵的意见。在此，我们再次感谢这些友人的慷慨相助。

简　介

《富饶的盐水湿地》是“海洋生命”系列丛书（共六本）中的一本。在这部丛书中我们探究了海洋中五大独特区域的自然特征和生物特征，这五大区域是：海岸和潮汐区、河口湾和盐水湿地、珊瑚礁、浅水和大陆架以及深海。第六本书探索了过去和现在人类对海洋的影响。

由于独特的沿海环境，入海口形成于河流，又地处海湾，因此盐水湿地没有受到海洋的完全作用力。每一个盐水湿地的生态系统，不论是河口湾、河滩、沼泽还是红树林，都有自己的特性。尽管世界上有上千块盐水湿地，但没有哪两块是完全一样的。在这些海洋生态系统中，河口湾占了相当大的比例。

如果说所有的河口湾都有一个共同特性的话，那就是变化。每一天这里的温度、水中的化学成分以及营养含量都会有不同程度的波动，因此，没有几种生物能在这里长期定居。而对于那些能够适应这里环境的生物来说，河口湾就是储备充足的仓库和安全的避难所。

正是因为这里有充足的食物和藏身之地，河口湾成了很多鱼类和贝壳类动物的托儿所。在温暖的浅水中，上百种年幼的水生动物在水草间穿梭，随着海潮的节奏游弋于潮际区间。经过几个月的成长，它们已经做好了充分的准备去面对大海里的捕食者。

《盐水湿地》的第一章主要内容是河口湾体系的地质特性，时间追溯到了18 000年前的冰河世纪末。上百万平方英里的大陆冰开始融化，流入海洋，地球表面发生改变。由此形成的海湾自然兼具大陆性和水系两种特点。由古代冰河冲刷形成的河口湾今天还依然存在。尽管各有差异，但所有河口湾的化学和物理特性都是相同的。很多河口湾的独特性质是由于水的循环方式及底部沉积物的类型决定的。

有关盐水湿地中的微生物、真菌和植物起到的关键作用会在第二章探讨。这些有机体构成了其他湿地居民赖以生存的食物链的基础。发生光合作用的单细胞的有机体、海藻以及维管植物为生活在这个系统内的动物提供食物。与我们更熟悉的陆地系统的食物链相比，河口湾的食物链不具有典型性。在陆地上，食草动物吃草，其他动物捕食食草动物。然而在河口湾，很少有动物以水草、红树林或海藻为食，当这些植物死亡，就沉积在河床上，被真菌和异养细菌分解，再被小动物们吃掉。

第三章和第四章详细介绍了生活在河口湾的一些无脊椎动物。无脊椎动物，通常是一些小的有机体，包括蠕虫、蛤、海星和虾。海绵体动物是最简单的无脊椎动物，它们没有组织和器官。水母和海葵则是较为复杂的无脊椎动物，它们都武装有带刺细胞，以备防身和猎食。生活在最底层的蠕虫将大部分的时间用在躲避猎食者上。

去过河口湾的人对软体动物和甲壳动物都不陌生。软体动物家族庞大，包括蜗牛、蛤、牡蛎和章鱼；甲壳动物包括虾和龙虾、马蹄蟹，甲壳动物的姻亲，是这一家族里最原始的成员之一，它们和蜘蛛渊源深厚；棘皮动物，皮肤多刺，数量众多，包括海星和海参。

河口湾最著名的是那里的鱼类，这也是第五章要讨论的话题。在河口湾生活的鱼类品种繁多，数量庞大，对这一点渔民和钓鱼爱好者再了解不过了。有很多种类的鱼在河口湾处产卵，等到幼鱼长大，足以应对猎食者后再回到大海。还有一些鱼一生在河口湾度过，终日享受饕餮盛宴。典型的河口湾鱼类包括鳐、鲈鱼、鲨鱼、鳗、鲑鱼和石首鱼。

第六章讲述的是在河口湾地区能够发现的一些脊椎动物。很多两栖动物、鸟类和哺乳类动物都在这里安家。咸水鳄鱼就居住在亚洲的一些河口湾处，并作为当地食物链顶端的猎食者。全世界都有很多种类的海龟不定期地光顾河口湾地区。它们貌似乌龟，但体形巨大。海龟已进化出了鳍，以应对海洋环境。河口湾地区的鸟类数量和品种是令人瞠目的。长腿和短腿涉水禽鸟，潜水类和游泳类禽鸟都聚集在那里以小无脊椎动物和丰富的水草为食。河口湾地区常见的哺乳类动物有海豹以及几个种类的鲸和海豚。

在第七章我们会关注河口湾地区的现状和未来。实际上，正是由于人类的行为，河口湾地区正面临着污染、过度开发和淡水减少等重重危机。因此，我们将着重探讨可持续发展的必要性。

目　录

一 自然特点

——盐水湿地的化学和地质特性

地球上的生活由最简单的混合物之一——水来维持。这个星球上的水资源通过水循环源源不断，周而复始地将水分配到各处，让所有的生命共享。水从水道、土壤和生物中蒸发，上升到大气层，又凝结成液体，落到地面。

一旦落到地球表面，水有这么几条路线可以选择。水可以渗入土壤，变成地下水的一部分，或者被蒸发，回到大气层，投入云的怀抱。水还能被动植物和其他生物吸收。大部分落到地球表面的水流进溪流，汇成江河，最终蜿蜒入海。

在很多情况下，江河流入海湾，那里是一个相对独立于大海的环境。在这个半封闭的区域里，河流的淡水和海洋的咸水混合，形成一种独特的水体，叫河口湾。河口湾的水咸淡不均，含有大量的介于二者之间的混合物，被称之为微咸的水。在美国的海岸线上有超过约15 150平方千米的海湾、入海口、海峡都被归为河口湾地区。

潮汐对河口湾地区的影响很大。本身河口湾“estuary”这个词就来自于拉丁语aestuarium，翻译过来就是“潮汐的”。正是由于河口湾的水随着潮汐的规律涨落起伏，因此很多河口湾的特性都与潮汐运动有关。

对于全球海岸环境的健康来说，河口湾是至关重要的。它们养育的生物种类远远多于它们来自的江河与它们流入的海洋。因此，在河口湾体系的生物多样性程度也要高于这两个体系。而生物多样性程度高也有助于保证一个自然体系的稳固与健康。

河口湾是非常多产的地区，这要归因于几个因素。所有的河口湾地区都养分充足，水循环良好，水温适宜。河口湾的营养来自于陆地和海洋。河流奉献出它从陆地收集来的溶解的矿物质和有机物，海水也带来丰富的矿物质，其中就包括使海水尝起来味道咸咸的盐类。

良好的水循环保证了河口湾的水能够混合均匀。涨潮和退潮掀起并翻动有机物和矿物质，使得河口湾的所有生物都能获取到食物。潮汐同样也搅起了由这里的动物和微生物产生的富含氮、磷的废物。风帮助混合最上层的营养物质。另外，经过的水流通过摩擦侧壁和水底，产生湍流，搅动底部的水。这样的水的运动保证了营养物质悬浮在水中，不至于沉到水底。

河口湾和大部分其他的生态系统的生物多样性及多产要依赖于各种植物的工作。植物需要阳光才能进行光合作用。尽管河口湾的水里悬浮着的沉积物使水有些浑浊，但由于这里的水大都很浅，阳光也能照射得进来。而且，在退潮的时候，水底的泥沼也被暴露在太阳下，而这儿正是很多单细胞绿色微生物的家。

以上提到的原因同样使河口湾地区成为了年幼的鱼类和贝类的理想家园。这里不但为它们提供了大量的食物，还有茂盛的水草做掩护，以躲避天敌的袭击。

很多地势低的河口湾在靠近江河的一边都会有盐水沼泽。随着纬度的不同，盐水沼泽里可能会生长出茂密的草、红树林或其他能适应微咸水的植物。当这些植物的叶、茎和根死亡后沉淀到河口湾的水底，就为细菌和真菌提供了营养，反过来这些细菌和真菌又成了更大生物的食物。植物就以这种方式构成了河口湾巨大的食物网和复杂社区的基础。

盐水沼泽是河口湾的终结。这个地方不断有新的土壤填充进来，慢慢地由海洋向陆地过渡。在这个转化的过程中，沼泽植物起到了关键性的作用。它们的根牢牢地抓住水底的沉积物，使它们不至于被退潮的海水冲走。

沼泽与河口湾的变化使它们逐渐成为陆地生态系统的一部分。早期的沼泽上覆盖着草，随着潮水不断带来的养分，草茂密起来，形成葱郁肥沃的草地。流进来的水流速度减缓，原来漂浮在水中的物质沉积下来。时间长了，越来越多的沉积物使沼泽底部愈加稳固，再也不怕潮水的冲击。当大部分的沼泽地升到海潮水位线以上，更多的陆地植物在此安家，很快就变成一个年轻的陆地环境。岁月流逝，整个的河口湾被土壤不断填充，从而延伸了周围邻近的陆地。

通常盐水沼泽与潮汐浅滩相邻，那是一片没有植物生长的土地，略微倾斜，潮来潮往。潮汐浅滩有时被水淹没，有时暴露出来。大潮期间，面积达到最大。两周后的小潮期间，面积缩小很多。潮汐浅滩上每天经历变化最小的地方就是边缘部分。靠水这一边，浅滩的底部多数时间是被水淹没的。靠陆地这一边，浅滩和盐水沼泽相连，通常是干的。位于这两大边缘中间的地带，根据被水淹没的程度分为几个不同的区域，每个区域的特性各异。生物也都依据自己的适应能力选择不同的区域生存。

潮汐浅滩的沉积物是分散的小颗粒，呈松软的泥状。浅滩上大部分的沉积物是被向上涌的潮水从河口湾的底部带到这里来的。每一次退潮后，泥床上都会留下细波纹、裂痕和小溪流。细波纹是退潮时被波浪冲刷留下的痕迹。天气干热时，泥床上就会出现裂缝。而浅滩上的小溪流是潮水流回河口湾时的小水道。

位于地势低、开阔的潮汐平原上的河口湾常常可以发现这样的潮汐浅滩。在芬迪海湾和德国的北海，由于潮水流过的距离长，潮汐浅滩非常宽阔。相反，在峡湾类型的河口湾地区，由于两侧有陡峭的岩壁，因此就看不到潮汐平原。

河口湾的起源

从地质学的角度讲，河口湾是非常年轻的地貌。现今大部分的河口湾都是在最近的冰河时代之后形成的。现在地球上的河口湾要比过去多得多。

在冰河时代，海洋里的水大多是冰。冰的形成有效地将水从海洋中提取出来，导致海平面下降。随着海平面的下降，海岸线延长。

大约18 000年前，气温升高，冰河时代终结。大气转暖导致原本覆盖欧洲、亚洲和北美洲的大陆冰川以及覆盖两极的大部分冰层融化。原来被困在冰里的水又回到了海洋，海平面升高。如图1.1所示，在这个时期涨起来的水产生了四种基本类型的河口湾。这四个类型是海岸平原河口湾、峡湾、沙洲河口

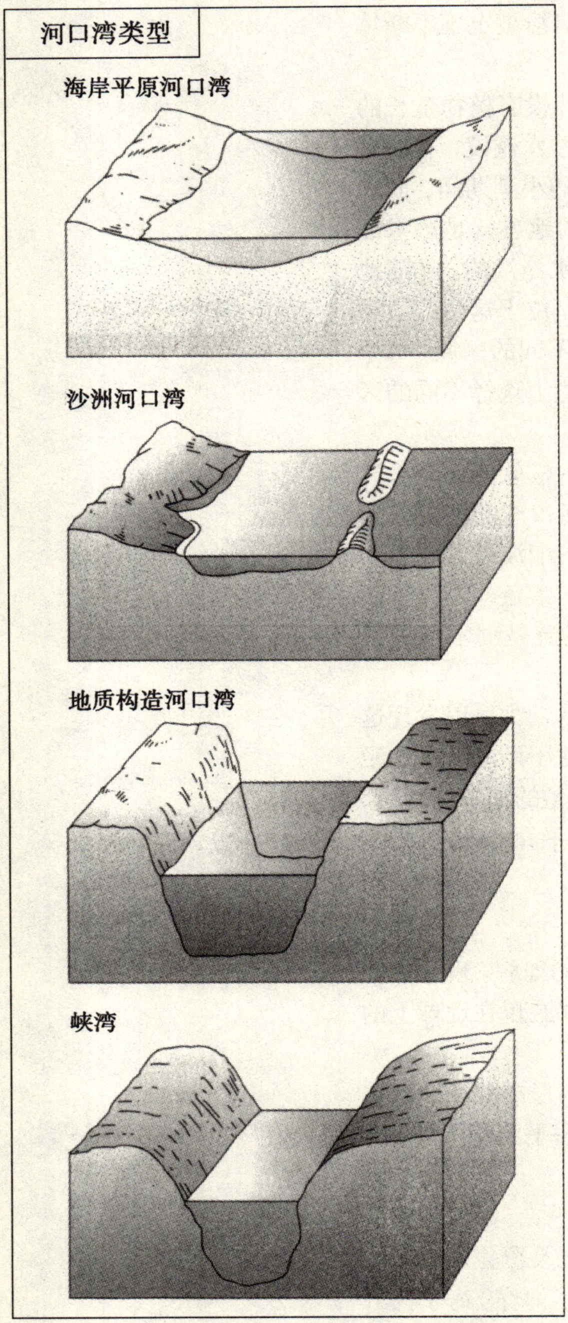

图 1.1 河口湾地质类型分为：海岸平原河口湾、沙洲河口湾、地质构造河口湾和峡湾。

湾和地质构造河口湾。

在冰河时代，像现在一样，河流奔向大海，一路冲刷出深深的河谷。当冰河时代结束，海平面上升，海水回流到一些由古老的江河留下的河谷里。结果是成千的河谷被“淹”，海岸河口湾就这样形成了。这一类型的河口湾的代表包括切萨皮克河湾、哈得逊河湾，以及C－1页的彩图上显示的位于南卡罗来纳州查尔斯顿的阿什岛河口湾。

峡湾的形成方式也大致相同，不过水道的两侧陡峭直立。在最后的冰河时代，冰川在一些地方雕刻出了陡峭的河谷。随着冰川向前运动，冰碛、大量的碎石和土壤也被推着向前。当冰川融化，它们切削出来的河谷里充满了海水。碎石起到了门槛的作用，部分阻挡了海水的流入，河口湾形成。

海浪在离海岸不远处形成沙洲，这一区域会出现另外一种河口湾。如果沙洲堵住了江河的部分入口，或者是河湾，就会形成一个浅浅的沙洲河口湾。夏洛特湾就是一个典型的沙洲河口湾。

从地质构造上看，河口湾多形成在大陆活动板块的边缘。地球的最外层——地壳，并不是一张完整结实的外皮。相反，它更像是由无数瓦片拼凑镶嵌而形成的。由于地球内部地质构造的力量，这些瓦片（板块）在不断地移动，地质板块的移动通常会改变地貌特征。过去海岸沿线的地壳运动产生凹地，江河流入。圣佛朗西斯科海湾就是这样形成的。

河口湾的特征

每个季节，每一天，河口湾地区都在发生着变化。这些变化表现在水量的变化，还有水的盐浓度、水温、含氧量和营养含量等等因素的变化。

在河口湾，盐浓度，就是水中含矿物质或盐的量，是一个关键的化学指标。河口湾水中盐浓度的变化要比其他任何海洋环境中水的盐浓度的变化都大。今天和明天的盐浓度都可能会不同，河口湾这一部分和那一部分的水的盐浓度也可能会不同。由于地理位置的不同，潮水可能会在一天里把盐水带进来一次或两次。海水的平均盐浓度是35‰，“‰”这个符号和百分比

水的化学和物理特性

水是地球上分布最广泛的物质之一。水构成了海洋，勾勒出陆地的轮廓，还是生物的主要组成成分。从某方面来讲，水分子又是一个与众不同的分子，它的特殊性质是由物理结构决定的。

水分子是由三个原子组成的化合物：两个氢原子和一个氧原子。这三个原子的结合方式，导致形成的水分子一端带有微量负电荷，另一端带有微量正电荷。因此水分子是一个极性分子。

一个水分子的带正电荷的一段会吸引另一个水分子带负电荷的一端。两个带相反电荷的水分子相互吸引，距离足够近的时候，它们之间会形成化学键。这种化学键叫做氢键。虽然这种分子间的氢键比分子内的化学键弱，可是已经足以影响水的性质了，氢键赋予了水不同寻常的特性。

水是地球上唯一的以三种物态存在的物质：固态、液态和气态。因为氢键比一般的分子键作用力要强，因此把水分子和水分子分开需要大量的能量。正是由于这个原因，水升高温度或者从一种物态变化到另一种物态，都需要吸收比其他物质更多的热量。

因为水分子彼此紧密相连，所以水的表面张力很大。表面张力是描述破坏液体表面难易程度的物理量。氢键使水形成了微弱的薄膜一样的表层，从而影响水形成波浪和水流的方式。水的表面张力也对生物造成影响，无论水流中的生物、水下生物还是水表面的生物，都受到表面张力的影响。

大气中的有些气体能够溶解在水里，例如氧气和二氧化碳，然而并不是所有的气体都能溶于水。二氧化碳比氧气更易溶解在水里，海水中常常溶有大量的二氧化碳。另外，水中的氧气含量仅仅为大气中的百分之一。水中的低含氧量能够限制水生生物的种类和数量。气体的溶解度还和温度有关。气体在低温的水中溶解度相对较大，因此，低温水溶有更多的氧气和二氧化碳。另一方面，浅水更容易溶解气体，因为浅水里，风和波浪能够把大气中的氧气和水混合在一起。此外，生长在浅水中的植物，也能够通过光合作用放出氧气。

类似，只不过它指的是每千分之一而不是百分之一。而盐浓度仅稍高于0‰的淡水，始终源源不断地从河口湾的一边流入。

河口湾的水中含氧量通常很高，不过水平依位置和温度的不同而有差异。由于无数有机体的新陈代谢都需要氧气，因此含氧量水平高低就非常重要。氧气可以通过空气和植物两种途径进入水中。当水和空气有效地混合，氧气就溶解于水中。另外，海洋植物通过光合作用也可以释放氧气。

影响河口湾水中含氧量的因素很多。水温上升时，氧气容易挥发。因此，热天要比冷天时水中的含氧量低。水中盐浓度增加时，氧气也容易挥发。因此，在河口湾里，靠近大海的水要比靠近河的水含氧量低。

有实验表明，混合均匀的河口湾的水表层，含氧量（DO）高达9毫克/升。在这样一个水平，有机物可以有大量的氧气供它们呼吸。不过很多因素也会导致氧量（DO）的迅速下降，特别是在高温的情况下。例如，生长快速的水藻能够产生密集的菌群，耗尽所有氧气。另外，不断扩张的大片水藻会遮住一部分阳光，导致水藻细胞死亡。当死亡的细胞成群地沉到河口湾的水底，就变成了细菌的美食。由于食物充沛，细菌家族迅速扩大，大量的细菌活动需要消耗水下的氧气，很快地，水中的所有氧气被耗尽。一旦含氧量低于4毫克/升，鱼就开始死亡。

河口湾的水的混合

河口湾水系充满了活力，物理活动、化学活动和生物活动无处不在，时刻发生。不断改变并影响河口湾环境的两个因素就是由江河注入的淡水和来自海洋的盐水。这两大水源决定了整个河口湾水系的盐浓度，而盐浓度是决定哪些有机物能生存在这里的因素之一。

河水被称为“淡水”是因为它的盐浓度相当低，几乎为0‰。因此在河口处，即江河入海的地方的盐浓度自然非常低。与此相反，靠近大海这边的盐浓度就很高。当盐水和淡水在河流和大海之间某个地方汇合的时候，它们不会自愿地混合在一起。如果没有一股力量将它们结合成一体，就会出现分层的现象，盐浓度高的盐水沉在水底，盐浓度低的淡水浮在上面。

在河口湾地区，生机勃勃的潮汐就是这样一股力量，能把两种类型的水充分搅拌，混合起来。强劲的潮水可以把从水面到水底的淡水和盐水结合成一体，而微弱的潮水产生的搅拌就少一些。依照搅拌程度的高低，河口湾可分为四种类型：盐楔型、充分混合型、部分混合型和逆向型（见图 1.2）。

盐楔型河口湾是最简单的类型，在潮汐很弱的河口湾，当有大量的江河淡水注入时，就会产生这种盐楔型河口湾。江河中的淡水与海洋中的盐水相遇，相对较重的盐水就在淡水的下面形成了一个楔或舌形。而这个盐楔的位置经常发生变化，高潮时接近入海口，低潮时远离入海口。另外，季节也会影响盐楔的位置。雨量少的季节，盐楔接近入海口；而雨季，当淡水大量注入，盐楔将被推向海洋的方向。盐楔型河口湾的典型代表有哥伦比亚河、哈德逊河、亚马逊河、刚果河，以及密西西比河入海口处的河口湾。

如果潮汐非常强劲，而水

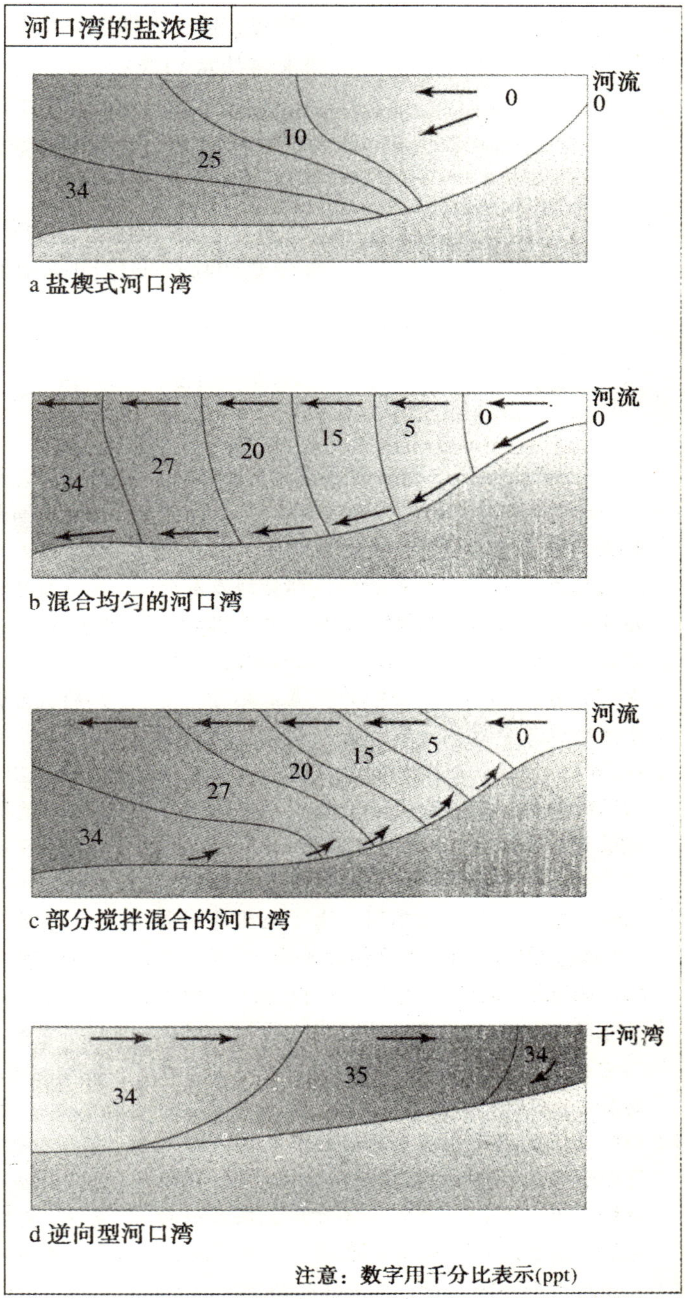

图1.2 河口湾的盐浓度分布取决于进出口河湾的海水和淡水强度之比，盐浓度用千分比表示。

又较浅，河口湾地区则会呈现出一幅完全不同的景象。强劲的潮水将盐水和淡水充分搅拌、混合，使得河口湾从水面到水底的盐浓度均衡。整个河口湾都一直被江河注入的水流推向大海。德拉威尔河、哥伦比亚河、芬迪海湾都是这种充分混合型的河口湾。

在一些水较深、潮汐强大的海湾，会形成一种介于充分混合型和盐楔型之间类型的河口湾，我们把它们称为部分混

潮　汐

潮汐的形成是三种力量共同作用的结果:太阳的引力、月球的引力和地球的自转运动。引力也就是万有引力，是两个物体间的吸引力或拉力。任何有质量的物体都受到万有引力作用。地球和月球都把万有引力作用到对方身上，但由于地球的质量比月球的大，所以它的引力使月球在环绕它的轨道上运行。月球之所以不会掉到地球上来，是因为物体存在惯性。惯性是运动的物体具有的保持继续运动的倾向，它的产生，与物体的稳定的运动轨道有关。

内在的万有引力和外部的惯性力都会影响地球表面，但程度不同。由于地球是圆形的，赤道比地球的两极更接近月球。因此，月球对赤道附近的引力更大。任何时候，在朝向月球的那一面上，月球的引力试图把地球拉到它身边。对此，地球上的固体部分不会有大的反应，但液体部分会。结果，在朝向月球的那一面上的海洋向着月球隆起。在离月球最远的那一面，惯性力促使海水远离月球。在地球的一面月球的拉力占主要作用，在另一面地球自身的惯性力占主要作用，这就在地球上造就了两个隆起处，即海洋的高潮区域。

这两个隆起处并不随着地球的自转而围绕着地轴旋转。取而代之的是，在地球自转的时候，它们始终保持和月球在同一条直线上。当地球自转一周或在一天内，地球上的不同部分进入或走出这两个隆起部位。

与月球相比，太阳离地球更远，尽管如此，它还是能够影响到潮汐，但影响力只有月球的一半。地球上与太阳相对着的一面有一个由太阳的引力引起的小隆起，在地球与太阳反向的另一面，也有一个由惯性力引起的小隆起。

以28天为一个周期，月球围绕着地球旋转，在这个过程中，月球、地球和太阳之间的相对位置也随着改变。在出现新月和满月这两个月相时，这三个天体非常完美地位于同一条直线上，如图1.3所示。这时，太阳和月亮的万有引力同时作用在地球上的同一个地方，从而使高潮达到了它的最高点，低潮也达到了它的最低点。这些极端情形就是众所周知的大潮，它们每两星期发生一次。

在上弦月和下弦月时，夜空里的月亮只有一半是可见的，这时，月亮、太阳、地球三个天体成一个直角三角形排列。在这样的位置上，它们的万有引力作用相反，在某种程度上，两个天体也相互抵消彼此的影响，从而使高潮位于最低点，低潮位于最高点。这种现象就是我们所知道的小潮，小潮也是两个星期发生一次。

合型河口湾，兼有上述两种类型的特点。在这里，盐水和淡水不会形成明显的盐楔。圣佛朗西斯科海湾、切萨皮克海湾，以及英格兰的泰晤士河、默西河都属于这种类型的河口湾。

第四种类型，逆向型河口湾，出现在炎热干燥的海岸。例如位于包姚半岛和澳大利亚南部海湾的那些河口湾，当干季来临，淡水不再流入河口湾，由于蒸发掉的水并没有把盐带走，持续的蒸发使得盐分在上层的水中积聚。蒸发失去的水分由从大海中流进的水补充，结果上层的水比下层的水盐度更浓。逆向型河口湾出现在包姚半岛的太平洋海岸、墨西哥海湾沿岸，以及澳大利亚南部海湾沿岸。

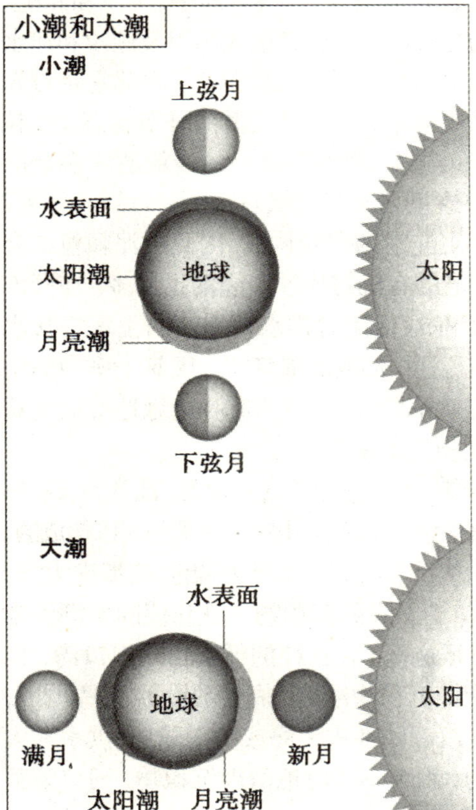

图 1.3　每隔两周，太阳、月亮和地球成一直线，两个天体的引力产生非常高的大潮。而当月亮和太阳与地球形成直角时，就产生了小潮。

沉积物

沉积物，是由水或风带来的风干岩石的碎片或有机物的残骸。构成沉积物的物质可能是有机的，也可能是无机的。水中的沉积物通常积聚在河口湾的底部，在盐水沼泽以及潮汐平原上，给这些地方的底层带来独有的特质。

沉积物的密度大于水，因此，除非水流动起来，它们是不能悬浮在水中的。流动的水可以将这些颗粒从一个地方运到另一个地方，水流缓慢下来，那么最大最沉的颗粒最先沉到水底。

在河流中，湍急的河水形成涡流，有助于使沉积物颗粒保持悬浮状态。水越湍急，就能夹带越多的沉积物，水看起来颜色也越深，越混浊。当河流进入河口湾，水速降下来，沉积物颗粒就落到了河口湾的河床上。而在河口湾的另一边，潮水也挟裹着大量的沉积物涌来。当它们进入河口湾，同样水速放慢，卸下一部分沉积物。

沉积物究竟会沉积在河口湾哪些地方取决于河水和潮汐的相对强度。在盐楔型河口湾，注入的河水强劲有力，水中的矿物质和悬浮物被冲到了密度较大的海水的上层。如果河水的水流十分迅猛，大部分的矿物质和沉积物的颗粒就会被带出河口湾，冲进大海。而在一些河水注入相对较弱的河口湾，水的流速减缓，部分的悬浮物沉淀在了河口湾的入口。

在混合型河口湾，被河水带进来的悬浮物均匀地分布在河口湾的全部水域里。在混合搅拌的过程中，水的流速突然减缓，悬浮物有时间沉积。结果沉积物集中在河口湾的上层，这就产生了一个特别混浊的水域。

悬浮在水中的土壤颗粒可被分为三种：沙子、淤泥和黏土。它们在河口湾水床上的分布取决于颗粒的大小以及潮汐和河水的强度。沙子在三种土壤颗粒中最大、最粗糙，因此它是首先沉积下来的。由于形状不规则，沙子呈松散的分布状态。沙粒之间的空间使氧气循环顺畅。潮汐平原上的沙粒滤除多余的水，沙粒间形成气阱，这里处于富氧状态。

淤泥由比沙子更小更光滑的颗粒构成。因此淤泥颗粒结合得比沙子要紧凑，淤泥中的有机物比沙子里的也要多。在潮汐平原或盐水沼泽上的淤泥在低潮时排水缓慢。当土壤中含水时，氧气无法在颗粒间流通，形成厌氧环境。厌氧土壤中的生物群和富氧土壤中的完全不同。而河口湾底和边缘地带的臭鸡蛋味就是这些厌氧微生物发出来的。

黏土是最小的土壤颗粒，结合紧密，含水量大，通常为厌氧环境，很多被淹过的河谷的潮汐平原都是由这种黏稠的泥巴构成的。

沉积物可能会永久地沉在河口湾，也可能会被带进大海。江河流进的水量少，河口湾水底的沉积物也就只能随着潮汐来回漂移，永远也不能离开这里。在这样的低能量的河口湾，偶尔发生的洪水是唯一能把沉积物冲出去的办法。在一些地区，为了能将困在河口湾的沉积物冲进大海或冲上陆地，洪水和大潮的发生是非常必要的，因为不及时地清理沉积物，河口湾很快会被填平，不复存在。

正是因为有了这些矿物质、营养和沉积物，河口湾地区才变成了营养再循环的重要场所。储存在土壤里和悬浮在水中的营养要么被植物摄取，要么被微生物吸收，进行再循环。植物通过细胞吸收营养，得以成长。植物死亡后，沉到河口湾水底，被细菌、真菌转化成简单的物质，使得它们体内的矿物质再次被其他生物利用。

这些矿物质中最重要的两种矿物质是氮和磷。这两种矿物质都是水藻和植物用来合成细胞结构必要成分。而两者之中，氮的含量低于磷。

大气中氮的含量非常丰富，只是它的存在形式不能被大部分的生物所利用。微生物通过分解动物的粪便和死亡生物的组织释放出可被利用的氮。其中一些氮被微生物自身利用，其余的被释放到自然环境中。植物利用这些在分解过程中产生的氮自我成长。动物则通过吞食植物或猎食食草动物来获取身体所需的氮。河口湾环境中有一种非常简单的细菌——蓝菌，它能直接摄取利用空气中的氮，几乎没有其他的生物能有这种本事，而这种细菌的存在提高了河口湾地区的氮含量。

结　语

河口湾和它们边缘的盐水湿地形成于江河入海口，是个生机勃勃的生态环境。尽管世界上存在着上千个河口湾，但没有哪两个是完全相同的。河口湾是地球上最具活力、最多产的区域。据统计，它们像珊瑚礁和热带雨林一样多产。

河口湾的物产丰富取决于它自身的特点。这里将海洋和陆地的多种营养汇聚一起。注入的河水、风力和潮汐的涌灌充分搅拌这些营养物质，使所有生物的栖息地都能获取养分，同时也给水里注进了充足的氧气。另外，河口湾是相对较浅的盆地，因此，与相邻的深海相比，这里水温适宜，光线充足。

根据盐水和淡水注入的相对强度，河口湾可被分为盐楔型、充分混合型、部分混合型和逆向型，当然还有很多是介于这些类型之间的河口湾。盐楔型河口湾的形成主要是由于有强劲的河水的注入，在这里通常会出现淡水和盐水分层的现象。充分混合型河口湾一般都有猛烈的潮水的冲击，因此这里的盐浓度大多比较均匀，如果河口湾盆地较深，那么一般来说，它属于部分混合型，兼有盐楔型和充分混合型的两种特点。在干燥的气候下水被大量蒸发，逆向型河口湾形成，出现水的上层比下层盐浓度高的现象。

河口湾底部沉积物的类型也是决定哪些生物可以在此生存的一个因素。沉积物的颗粒可分为沙子、淤泥和黏土三种类型。沙子个头最大，形状最不规则，沉积在水底，最受依赖氧气生存的植物的欢迎。与之相反，小颗粒的黏土总是紧紧地挤在一起，氧气无法渗入。淤泥构成的沉积物介于上述两者之间。大多数河口湾的沉积物是由几种不同类型的颗粒构成的混合物，当然也不排除，在某个河口湾沉积物以某一种土壤颗粒为主。

河口湾的物理、化学和结构特点决定了哪些生物能够在哪里安家落户。在大多数的河口湾，生长着茂盛的绿色植物、水藻和单细胞植物。这些生物构成了复杂的河口湾食物网的基础。

二 微生物和植物

——盐水湿地中的生产者和分解者

河口湾及其相关环境——盐水沼泽和潮汐平原——是充满活力的生态系统。这个大家庭“人口众多”，在这里生存的微生物、真菌和植物的种类数量惊人。微生物和真菌是肉眼看不见的，尽管没什么形象，但这些微小的生物在生产营养和再循环中却是必不可少的。在这里人们能看见的植物，包括海洋和半陆地型的植物，养活着众多的河口湾动物。每一种生物都为这个大家庭的幸福做着一份贡献，在食物网中扮演着不可替代的角色。

可以说是所有的绿色生物把河口湾变成了地球上最具生机

图2.1 有着发达根系的红树林，是热带河口湾系统的主要植物。
（由美国国家海洋与大气管理局提供图片）

食物链与光合作用

离开了能量，生物就不能生存。生态系统中，能量从一个有机体传递到另一个有机体所形成的路径叫做食物链。太阳是众多食物链能量的主要来源。能够捕捉和利用太阳能的有机体被称为生产者或自养生物，因为它们能够生产出“食物分子”。无法吸收太阳能而以其他生物为食的有机体则被称为消费者或异养生物。异养生物又可分为三类：以植物为食的植食性动物、以动物为食的肉食性动物和既吃植物又吃动物的生物——杂食性动物。

生物死亡以后，禁锢在它们身体内的能量又被生物链中的另一大类有机体——分解者，即腐食性生物所利用。腐食性生物分解死亡或正在腐烂的物质，使其中的养分返回到生态系统中。于是，生态系统中的养分源源不断地以这种方式在食物网纵横交织的食物链中循环。然而，能量无法始终全部参与循环，它逐渐散失，最终以热的形式全部消散。

自养生物之所以能吸收太阳的能量，是因为它们的体内含有绿色的叶绿素，在光合作用过程中（见图2.2），自养生物利用太阳能，将从大气里捕获的二氧化碳中的碳原子进行重组，生成葡萄糖分子。葡萄糖是生物的一种基本的食物或能量来源。形成葡萄糖所必需的氢原子和氧原子来源于水分子，光合作用中产生的盈余氧原子则被生产者以氧气的形式释放出来。

自养生物制造的葡萄糖的量通常超出它们自身的需求量，于是，它们会将多余的部分储存起来以备用，异养生物则依靠这些被储存起来的葡萄糖维持自身的生命过程。从长远意义上说，正是生态系统的生产力决定了这个系统内生物体的数量和种类。

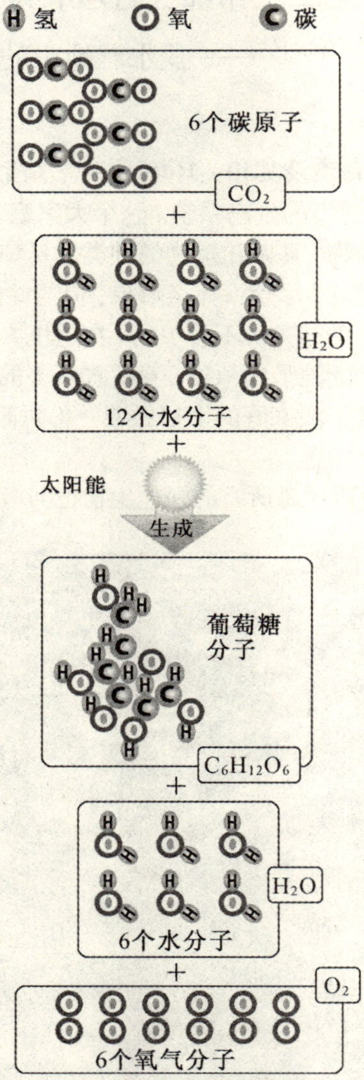

图2.2　光合作用过程中，利用太阳能重新分配二氧化碳和水分子的成分，生成葡萄糖、水和氧气。

的地方。很多河口湾的植物是草，这些草是陆地上草的近亲。这里还生长着健康的绿色微生物和多细胞水藻的族群。在温带地区，生活在盐水沼泽里的主要植物就是绳草（如C－1中彩图下所示）。红树林（见图2.1）是热带河口湾的主要植物，很少有动物直接食用上述两种植物。这些植物死亡后，微生物和真菌将它们分解，把构成它们组织的化合物转化成为更简单的物质。而植物的残骸及其分解者都会成为其他生物的食物。

在潮汐平原上，情况有所不同，这里无法生长大型植物，但却是绿色单细胞生物的家。潮汐平原上的很多光合作用都是由一种吊硅藻的单细胞生物和某些丝状水藻完成的。植物和绿色微生物的工作为维系河口湾食物链提供了必要的食物。

河口湾的细菌

地球上数量最多的生物就是简单的单细胞生物，我们称之为细菌。其中很多是靠水中溶解的有机物为生的异养生物，还有一些是直接利用太阳的能量转化营养的自养生物。而在河口湾，盐水沼泽和潮汐平原上，这两种细菌都是数量众多的。

异养细菌在河口湾的食物网中起到举足轻重的作用。和真菌一起，它们将复杂的有机物分解成为简单的化合物。没有它们的工作，生物们赖以维系生命的营养和矿物质就会永远被锁在死亡生物的残骸里，最终被浪费掉。

在多数的大陆食物链中，比如森林或草原中，植物摄取太阳的能量，食草动物以植物为生，食肉动物以食草动物为生。而河口湾体系的食物链有所不同，因为这里的食物链从残骸分解者开始。在这个以生物残骸为基础的食物链中，几乎没有食草动物以植物为食。当植物死亡，它们的叶、茎和其他部分沉入水底，变成异养细菌和真菌的大本营。这些生物以植物的枯枝败叶为食，将它们转化成自身的能量。不仅如此，这些生物还将植物体内的化合物分解成简单物质，并将它们释放到生态环境中。当小动物和其他种类的微生物以这些植物碎片为食时，碎片上的生物也被吞食进去。就这样，植物的能量从分解者转移到了动物那里。

潮汐平原和盐水沼泽及河口湾的底部都生长着大量的异养

细菌。在分解植物碎片的过程中，这些生物会在很短的时间内消耗掉土壤中的所有氧气。而新鲜的氧气又不可能马上渗入到那些黏稠湿润的土壤颗粒中，需要无氧环境的厌氧细菌就会乘虚而入。大部分这种厌氧细菌都是绿色硫菌，这是一种能从硫化合物中汲取能量的生物。作为一种副产品，它们产生出硫化氢。这种闻起来像臭鸡蛋的气体，经常可以在盐水沼泽地区闻得到。

所有的自养细菌被统称为“蓝菌”。这些细胞都包含叶绿素以及其他两个感光分子：藻蓝素，一种蓝色色素；藻红素，一种红色色素。这两个附属色素的出现能帮助细胞捕获绿色叶绿素无法抓住的波长的能量，使得光合作用更加有效充分。有了这两个附属色素，我们就明白了蓝菌色谱范围广的原因。

独立生存的蓝菌实在是太微小了，人们根本无法在水里或泥沙表面看到它们。不过也有一些成群生活的种类，看起来就像土壤表面绿色、红色或是蓝绿色的斑点。宽角平裂藻是一种蓝菌，在潮汐平原上它看起来就像一块块光滑的席子似的。低潮时，大群的细菌细胞在平原上闪耀，这光是从细胞周围凝胶

生物的王国

地球上有数百万种不同的生物。为了研究它们，被称为分类学家的科学家们根据这些生物的特征，将它们进行了分类。历史上第一位分类学家是瑞典科学家林奈，他把所有的生物划分为两个极其庞大的类型——植物界和动物界。19世纪中叶，除这两大领域之外，生物学家们还新定义并添加了原生生物界、微生物界和真菌界。当日新月异的显微镜技术使分类学家可以继续分辨微型生物体的特征之后，他们又从原生生物界中分离出原核生物界。直至1969年，一个由原核生物界（如细菌）、原生生物界、真菌界、动物界和植物界组成的五界分类系统才建立起来。这个五界分类系统在今天仍然被很多人沿用着，但现在，大部分科学家选择将原核生物界又分为两大组别，即古细菌界和真菌界。

原核生物是地球上最小的生命体，它们的细胞结构比其他生物简单得多。原核生物无法自己制造食物，例如埃希氏大肠杆菌和炭疽芽孢杆菌。能够进行光合作用的原核生物有蓝藻等，鱼腥藻近缘种和脆瘦鞘丝藻等生物都是典型的蓝藻。六界分类系统中的真菌界，包含那些生活在水、土壤和其他生物体中的最常见的原核生物。古细菌是地热泉和超盐湖床等极端环境中

状的鞘上反射出来的。在有潮水光顾的潮汐平原上可以发现这类蓝菌形成的光席。而形成这种光席的细胞排列如此的紧密，以至氧气都无法渗入。因此，在它们下面的土壤里就形成了缺氧的环境，通常一些厌氧的异养细菌生活在这里。

原生物和真菌

尽管细菌和原生物都是单细胞生物，但原生物的细胞要大得多，而且更为复杂。原生物可以在河口湾的任何一个地方安家。为了得到所需的营养，这些细胞有很多的猎食策略。根据实际情况，它们可以是自养生物，也可以是异养生物，或是混养生物(因为它们是既可以吸收外界营养又可以自己进行光合作用的绿色生物)。

河口湾系统中重要的营养制造者之一，是一种叫做“硅藻”的自养原生物（如C－8彩图上所示）。生活在潮汐平原沉积表层的硅藻为整个系统制造的能量与生活在那里的大型水藻或高等植物制造的能量不相上下。硅藻，有时我们称它为“金藻”，是单细胞生物，含有叶绿素和一种金褐色的吸光色素。硅

的“居民”。

另一个单细胞生物领域是原生生物界，例如变形虫、裸藻和硅藻。与原核生物不同的是，原生生物的个头比较巨大，它们复杂的细胞在结构上与多细胞生物的细胞很接近。原生生物界成员的活动性、大小、形状和摄食策略随种类不同而变化多样。一些是自养性营养，一些是异养性营养，其余的则是兼养性生物，兼养性营养的生物既可以自己制造食物，又可以其他生物为食，这种选择的变化主要取决于它们所处的环境条件优劣。

真菌界主要包含多细胞有机体，如霉菌，但其中也有很少一部分单细胞成员，如酵母菌。真菌不能四处移动，由于它们不含叶绿素，所以无法合成自己的食物。它们都是异养性生物，通过在食物上分泌消化酶来进行消化，从而摄取营养。

最后，是由多细胞生物组成的植物界和动物界。植物界的生物，例如海藻、树木和蒲公英等都不能移动，但它们可以通过将太阳能转化为简单的碳化合物来获得自己的食物。所以，植物都是自养性生物。鱼、鲸和人类等动物都是异养性生物，它们无法合成自身所需的物质，所以必须主动去搜寻各自的食物。

藻的种类有上百种，但它们有很多共同的特性，大多数的硅藻都会在它们周围修起像盒子一样的外壳保护自己。

硅藻的外壳主要由一种在沙子和玻璃中都能找到的矿物质——硅——组成。每个微小的外壳都是精致、透明的笼子，它不但能保护这个单细胞生物，同时还能透进阳光，让细胞进行光合作用。外壳上有上百个小孔，使细胞能保持和环境之间的联系。尽管硅藻的形态各异，有长的，有圆的，但多数生活在潮汐平原上的硅藻都是长型的。而外壳的细胞特征，就像打孔机打出的图案因品种不同而各异。

像大多数的原生动物一样，硅藻是通过二元分裂生殖来进行繁殖的。这是一种无性繁殖，父（母）细胞分裂成两个一样的细胞。在这个无性繁殖过程中，只需要一个亲本，即单亲，而两个后代是亲本的克隆，百分之百的复制，在裂变过程中，硅藻同时把自己的外壳一分为二。当硅藻母亲（亲本）细胞分裂成两个“女儿”细胞时，每个女儿就继承了母亲外壳的二分之一。继承下来的一半就成为每个“女儿”细胞的盖子，然后两个“女儿”再自己长出下面新的一半外壳。结果，一个细胞和母体一般大小，另一个则小一点。经过几代的繁殖，细胞和外壳变得太小，不能再分裂。为了解决这个问题，生物体就得离开原来太小的外壳，要么经过一段时期的生长，要么进行有性繁殖。

有性繁殖，即有双亲参与，可以有几种方式。有些种类硅藻的细胞分裂成几小片，每一片都四处游弋，直到发现另一片可与之融合的。经过融合产生的细胞生长出自己的外壳。另外一些种类的成年硅藻细胞则两个站成一线，每个细胞都分裂，然后交换一个“女儿”细胞，新的两组“女儿”细胞融合，产生两个新的细胞，每个新细胞又都拥有两个母体的基因物质，这两个新细胞再去建造新的外壳。

生活在潮汐平原上的硅藻是非常重要的食物生产者，而且它们也非常适应这种频繁交换于陆地和水中的生活。潮水来时，它们钻到沉积物以下，以免被冲走。潮水退了，硅藻又重新回到沉积物表面，享受阳光。硅藻缺少其他单细胞生物具有的某些运动结构，为了能够移动，它们分泌出一层黏液，然后在上面滑行。这种黏液非常黏稠，甚至能把沉积物颗粒胶在一起。结果，这种硅藻的存在稳固了沉积物，延缓了潮汐平原被侵蚀的速度。

生活在潮汐平原上，硅藻长期曝露在大温差和大量紫外线辐射的恶劣条件下。任何一种生活在如此艰苦条件下的细胞都会产生一种带电颗粒，叫“自由基”。自由基对细胞是有害的，因为它能改变DNA，生物体内的基因物质。为了对付自由基，硅藻产生出大量的酶，去分解和破坏自由基，以保护自己不受伤害。

真菌与异养细菌一起，是河口湾环境中重要的残骸分解者。这些多细胞生物负责分解积聚在河口湾水底、盐水沼泽里和潮汐平原沉积物上的动植物的尸体残骸。真菌在动植物的残骸上制造细细的菌丝，菌丝释放出酶，分解动植物组织，形成真菌细胞，可以吸收的液化物质。

由于地域、气候条件和其他栖居在河口湾的动植物的不同，河口湾里的真菌类型也不同。在热带，一些海生真菌生存在红树林丛中。当红树林的树叶落到水中时，能消化糖的真菌迅速地包裹住叶子，开始分解叶子中储存的葡萄糖。而能够分解坚硬的木质素化合物（红树林木质部分的成分）的真菌就生活在死树的根茎、树枝上面。大多数的红树林真菌都是肉眼看不见的，但也有不多的几种，用放大镜可以看得见，例如：毛海曲霉菌、海洋真菌和其他几种菌类。

毛海曲霉菌在红树林河口湾的河床上大量生长，形成圆形的白色果状体，这是释放孢子的结构。海洋真菌通常在红树林的低矮的细枝上长出黑色的果体，这是在木质上生存的最主要的一种海生真菌。而落在水底的红树林的叶子上总是集聚着几种真菌，它们黑色丝状的果体在草叶和红树林腐烂的叶子上蔓延。

河口湾的植物

海生植物可分为两大类：海藻和维管植物。大型水藻或海藻具有多细胞结构，对海洋环境适应力极强。根据颜色划分海藻可分为：绿藻、红藻和褐藻。每一种海藻的颜色是由它们体内色素组合决定的。上述三种颜色的海藻和一些高等植物都在河口湾安家落户。

在河口湾，海藻并不是主要的食物制造者，因为它们大多生活在海洋中。而大多数的食物提供靠的是蓝菌、硅藻和维管植物。长在河口湾的为数不多的几种海藻零星地分布在底层坚实的浅水地带，因为这里可以享受到充足的阳光。

在河口湾地区可以找到的绿藻包括盘苔、刚毛藻、石莼、肠浒苔、德氏藻，以及几种石花菜属和江篱属的藻类。盘苔呈中空的管状，高度约5厘米，根部扁平，圆形，吸附在岩石上。刚毛藻要高一些，丛生茂密，呈深绿或蓝色。粗大的叶片分叉，从根部向上呈环形生长。

像纸一样薄的浅绿色石莼呈半透明状，因为它们只有两层细胞那么厚。叶片在水中自由漂浮，或用它那小小的碟状固着

光与藻类的颜色

光是一种以波的形式传播的能量。当太阳光到达地球时，我们看到的只是一束白光。但实际上，光是由赤、橙、黄、绿、青、蓝、紫七种颜色构成的，光所呈现出的颜色取决于光的波长。可见光光谱里的光波长在0.4—0.8微米之间（1微米=10^{-6}米），具有不同的颜色。紫光的波长最短，而红光的波长最长。

光在空气介质和水介质中所受的影响不同。光可以在空气中无拘无束地传播，然而光在水介质中传播却多了些麻烦：水介质可以吸收和反射光。水传播光的能力使光合作用得以在水面下进行。不同波长的可见光在水中的传播情况是不同的，波长短的光比波长长的光穿透能力更强，能透射到更深的水层中去。

可见光谱中，波长接近红光的光会以热的形式很快被海水吸收，所以红光在水中最多只能穿透到大约15米的深度。蓝光很少被吸收，故最深能到达33米。处于光谱中间位置的绿光在水层中所能到达的深度在上述两者之间。当光进入富含污泥和植物微粒的水中时，譬如河口区，水体就会呈现出一种棕绿色，因为光被水介质中的微粒反射和吸收后，只能到很浅的深度。而在水中颗粒含量非常低的热带水区中，光可以穿透到更深的地方，直到它遇到足够的微粒将它吸收和反射，全部损失掉。所以热带区域的水一般是蓝色的。在大约500米以下，就是光无法到达的地方了。

由于光在水中传播的这些独特形式，水生植物无法像陆生植物那样得到许多太阳能。为了弥补这种缺憾，大部分的水生植物种类都含有一些辅助色素，它们是一些擅长吸收蓝光和绿光的、有生理活性的化学物质。这些辅助色素可以为海藻吸收更多的光来提高它们的光合作用效率。一些辅助色素会掩盖叶绿素的绿色，使海藻呈现出与其他植物完全不同的颜色。褐色、金色和红色的海藻的存在就是辅助色素作用的结果。绿藻也含有辅助色素，但这些不会像其他藻类那样将叶绿素的颜色屏蔽起来。

器吸附在水底。石莼的繁殖策略在很多藻类中是非常典型的。第一代产生精子和卵子，结合后形成的后代制造并释放孢子。而孢子产生的后代发育生殖细胞，进行减数分裂，也就是将细胞内基因物质减掉一半的细胞分裂。然后这一代又产生精子和卵子。

肠浒苔有着闪闪发光的浅绿色管状叶片。叶片中空，粗细不规则，呈肠状。根部细小，吸附在土壤或岩石上，长度大约有30厘米。由于叶片中空，内部的空气使它们漂浮在水面。为了保证它的后代能被疏散开来，它专门在涨潮时释放它的孢子。

河口湾是很多褐色海藻的家。褐色海藻含有叶绿素，也含有附加色素，它们的颜色从黄到黑。多数褐藻能产生抵制天敌的保护性化学物质。在河口湾能找到的褐藻有普通巨藻、锯藻和螺旋藻等等。

有着光滑叶片的褐藻能长到50厘米高。每个叶片上都有气囊，使它们漂浮在接近水面的地方，它们的柄和叶能合成出一种啫喱状物质——藻朊，它使这种水藻更具灵活性，随着水流而漂浮。藻朊还可以锁住水分，在天气干旱的时候起到保护褐藻的作用。褐藻的生殖构造是长在叶端的瘤状的结，它可以将配子释放到海水中，使它们结合产生下一代。

丛生的红草、爱尔兰苔藓和紫菜是在河口湾常见的红藻，爱尔兰苔藓是紫红色的小海藻，大约20厘米高，它那又宽又平的叶子在水下呈现出彩虹般的颜色，在强光下又变成绿色。在爱尔兰，人们曾经采摘它用于一种以牛奶为主料的布丁里。今天，这种水藻成为了企业采集加工的对象。在它的细胞壁中存在一种啫喱状的碳氢化合物，加工后可以用来做食物增稠剂。

紫菜是紫色膜状的海藻。它们的品种不同，长度各异，从10—50厘米不等。像大多数红藻一样，紫菜的繁殖周期复杂，前后共有两年的逐代改进。一个无性菌体释放出孢子，发育成有性别的植物。然后这些植物产生精子、卵子，结合形成受精卵，受精卵经过分裂，形成孢子，安居在蟹壳这样的地方，孢子在这里长成丝状结构。在蟹壳里出生的紫菜长到成熟，制造孢子，经过减数分裂。这些子细胞安居在水底，长成新的菌体，又开始新的一个繁殖周期。

河口湾的维管植物

尽管海藻在河口湾系统中扮演的角色很重要，但它们并不是那里最主要的大型植物，而像海草、红树林和绳草这样的维管植物才是最大的养分提供者。这些真正的植物最早生活在陆地上，后来才移居海边，适应了在咸的浅水中生活。因此，它们有很多陆地植物的典型特征，例如，根、维管系统、花粉和种子。

在气候温和的河口湾，低潮水平线以下的主要植物就是海草。像所有的真正植物一样，这些草开花，产生花粉，还有种子。1年1次，上千朵的花在水下散播花粉。花粉漂在水中，被波浪从一株植物带到另一株植物。授粉结束，受精的胚珠成熟，形成种子。种子从父母身边漂走，沉到水底，开始孕育一片新的草床。海草还可以靠甩出藤蔓般的根茎进行无性繁殖。根茎可以产生直立的根，这就使海草有可能迅速地在河口湾水

陆生植物和水生植物的区别

虽然水生植物看上去与陆生植物有很大的差异，但这两类群体也有许多共同点。它们都吸收并利用太阳能，然后将一些简单的物质材料合成自己的食物。总的来说，这些原始材料包括二氧化碳、水和矿物质。陆生植物和水生植物的区别就在于它们对周围环境独特的适应性。

陆生植物的生活方式高度特化，它们从空气和土壤中获得营养。根的使命是从土壤中吸收水和矿物质，同时将植株固定在地面上。它们所需要的物质通过一种称为维管组织的管道结构运输到叶片细胞中。叶片从大气中吸收光合作用所需的二氧化碳。另外一种维管组织又将叶片中的光合作用产物运送到植株的其他部位。陆生植物为自己配备了木质茎和枝条，可以帮助它们保持直立状态，使植株能获得充足的光能。

水生植物通常包括海藻或海草，只能从海水中获得营养物、水和溶解态气体。由于整个水生植株都被包围在水中，那些溶解质可以轻易地扩散到每个细胞中去。所以，水生植物不需要用维管组织来协助光合作用或者为各细胞运输养分。除此以外，水生植物也没必要消耗能量来支持其结构，因为它们可以靠水的浮力来支持植株体。海洋中的水总是运动着的，因此水生植物的躯体都很柔软，可以“随波逐流”。有些水生植物会分泌黏液保持它们表面光滑，更能减少它们在水中运动的阻力。黏液还可以保护它们，避免被动物吃掉。

陆地植物的结构可以运用根、茎、叶等术语来描述。水生生物则由与之完全不同的部分构成，如图2.3所示，水生植物——海藻中看

底形成大片茂密的草地。

叶子扁宽的带草在水面下生活，叶子细长的大叶藻喜欢居住在浅水，在水位线以上的泥地上也能找到它。有着短小椭圆形叶子的桨草远离其他海草生活的草地，独自生长。气候条件的不同，决定了河口湾地区还可能会有其他种类的海草，例如龟草和海牛草。

像所有的植物一样，海草需要大量的阳光，因此它们集中在水面以下2米之上的水域。由于生长繁殖迅速，水下的海草制造出大量的养分。尽管海胆和小的甲壳纲动物吃掉了它们，大多数死亡的海草还是进入了残屑食物链。细菌和真菌靠草为食，接着像蟹这样的无脊椎动物吞食部分被消化了的草叶，同时将草叶上的细菌和真菌也一并吞下。鱼类和鸟类又捕食无脊椎动物。当分解者分解草叶时，它们产生出“溶解有机物”（DOM）并滤进水中。这种物质对于其他种类的细菌和几种原

上去像叶片的部分被称为叶状体。有些种类还具有充满气体的小囊或叫气泡的结构，来帮助植物体漂浮起来，以捕捉到阳光。气囊中的气体通常是氮气、氩气和氧气。海藻的茎状结构叫做柄。最下面的根状块体被称为固着器，它像锚一样把植株牢牢固定住，但它并不像一般的根那样吸收营养物质。叶状体、柄和固着器共同构成了海藻的躯体，或称为植株体。植株体通常有很多种形状，有高而多枝的，也有矮而平滑无分支的。

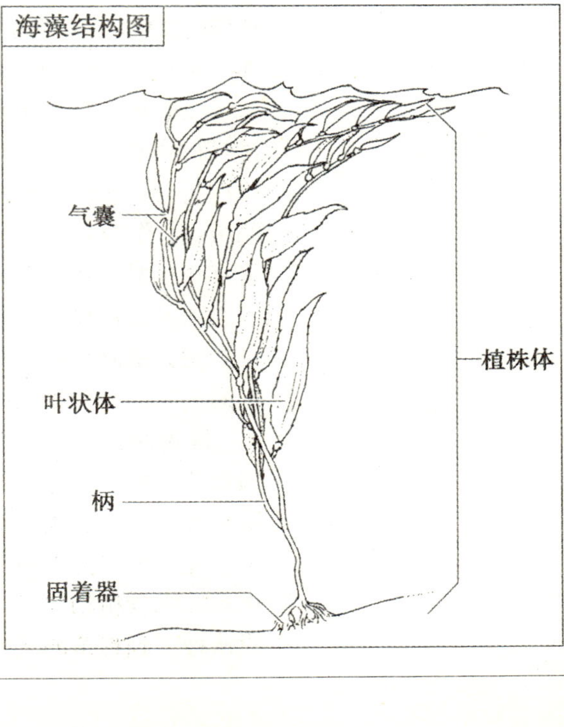

图2.3 海藻的植株体由像叶片般的叶状物、像茎一样的柄和像根一样的固着器所构成。柄和叶状体上的气囊能使植物维持在水层的顶端。

生生物来说是一种重要的食物源。以DOM为食的微生物被小动物和原生生物所食，而它们反过来又变成其他动物的食物。

海草不仅仅是重要的食物制造者，它们在河口湾生态系统中还扮演很多其他的角色。在它们的叶片、根茎上，收容了很多房客，像水藻、绿色原生生物，还有一些微小透明的小动物等等。海草也为鱼和贝类提供了住所，使它们免受敌人的侵袭。此外海草还是幼仔们的托儿所，这里不但有丰富的食物，还是安全的港湾。正是因为有了海草，河口湾系统内才有了品种繁多、数量庞大的鱼类。

海草的存在影响着河口湾的大小、形状和深度。流进河口湾的水流遇到海草的茎叶，水流减缓。当水流速度降下来时，水中悬浮的东西，包括土壤和有机物沉到水底。靠这种形式，海草帮助河口湾修建加固河床。在热带地区，红树林起到了很多海草的作用。比起海草，红树林大得多，一株成熟的红树可高达8—10米。红树林永远不会被完全淹没，只有它们的根系淹在水里，被河口湾或潮汐沼泽河床的缺氧的淤泥所覆盖。为了能在这样艰难的环境生存繁衍，红树林显示了非凡的适应能力。

由于红树林下面的沉积物松软不实，它没有长出像陆地植物那样的直根。红树林的根延伸极广，有的长在树干上，以支撑身体，还有的从水中垂直向上长出树根，以吸收更多的氧气。

红树林生存的盐水浓度之高足以杀死大多数维管植物，不过红树林有很多调节自身盐量的“绝招”。一些品种的红树林排斥盐分，阻断盐分渗入细胞。这些树水下的细肢和根有特殊的组织，作为屏障，抵制盐的入侵。高根红树林就能通过排斥将90%的盐分拒之门外。其他品种，如灰色红树林，可以靠叶子表面的腺体排盐。当叶子落下，盐分也随之离开。另外一种排盐的方法就是把盐集中在枯萎的花、死皮或果实里，随着它们的离开，身体中的盐浓度也降了下来。

陆地维管植物的繁殖方式是产生种子，然后种子落地，开始发芽，而对红树林来说，种子发芽相当复杂，因为在它们周围到处是盐水和厌氧沉积物。为了解决这个难题，这些植物使用了独一无二的繁殖方法。红树林的种子呆在树上的时间要比大多数维管植物要长，这样可以给种子足够的时间，让它们完成从种子到籽苗的成熟。在大树妈妈的身上，籽苗比其他树的种子吸取了更多的养分。有了充足的食物储备，一旦发现合适的地点，籽苗就可以在很短的时间内快速地成长。如果在退潮之后，这些发育成熟的籽苗从树上落下，就会在泥土中迅速生根。如果在涨潮时籽苗脱离母体，就会被冲到一个新的环境，在那里长成一棵新树来。

红树林的树叶很少有食草动物来吃。因为，为了防止水分的流失，它的树叶上包裹了一层蜡质，味道很差，不过食物链中的分解者能够消化这层外皮，将锁在里面的营养释放出来。红树林的落叶和果实以这种方式把植物营养提供给分解食物链。

和海草的根一样，红树林的根也起到了减缓水流速度的作用。水速减缓，水中携带的土壤慢慢沉到水底。红树林的根能保持土壤不致流失，有助于巩固扩大海岸线。同时它们的根也为动物提供了阴凉、藏身之地和食物。很多动物生活在这里，特别是鱼和无脊椎动物，例如牡蛎。

在温带很多地区，各种绳草是盐水沼泽中的主要食物生产者。（如C－1彩图下所示）绳草是为数不多的能扎根生活在淡盐水中的植物之一。它又细又硬的叶子，几乎没有动物能吃得下去，还有它的腺体可以分泌多余的盐分。这些都是它们对环境的适应力的体现。和红树林及海草一样，活着的绳草不是动物的重要食物，但死亡的绳草变成了盐水沼泽残骸分解食物链的主要食物来源。

结　语

河口湾、盐水沼泽和潮汐平原是世界上最多产的地方。定期的潮水带来丰富的营养，使得这里的海草、绳草、红树林以及大量的硅藻生机勃勃。此外，绿藻、红藻和褐藻也在这里找到了它们的家。这里和其他大多数生态系统不同的是，植物体内的能量不是通过食草动物吞食转移到动物体内的，而是由细菌和真菌分解植物残骸，再被小动物吞食。

海草在气候温和的地区生长迅速，形成水下草场。这里的小动物可以在此觅食，躲避敌人，快乐成长。叶子如刺般的坚硬的绳草能拦住沉积的土壤，不致流失，还为上百种动物提供了家园。在热带地区，红树林也起到同样的作用。

在潮汐平原上，硅藻和蓝绿色水藻在低潮时遍布沉积物表层。涨潮时，整个平原被水淹没，这些微生物藏在沉积物之下，以免被水冲走。退潮后，它们又回到地面，进行光合作用。硅藻分泌黏液，将土壤颗粒黏合在一起，还可以减少腐蚀，为稳固沉积的土壤立了大功。

河口湾地区的食物生产者们构架的食物链非常成功。蓝菌、硅藻、海藻和维管植物奉献的这份大餐，使河口湾能像珊瑚礁和雨林一样，养活种类繁多、数量庞大的生物群。作为一个整体，河口湾的植物可以算得上世界上最多产的食物生产者。

三 海绵动物、腔肠动物和蠕虫

——盐水湿地中的最简单动物

动物——能活动的多细胞生物，是一个巨大的家族。在这个家族里，有小到只有在显微镜下才能看到的微小生命，也有身高超过30.5米的庞然大物，还有介于两者之间大小的各种动物。科学家将动物家庭的成员分成两门——脊椎动物门和无脊椎动物门。脊椎动物即有脊椎的动物，包括人类和人类比较熟悉的一些动物，例如，鱼、青蛙、蜥蜴、鸟类和狗。无脊椎动物即没有脊椎的动物，包括蜗牛、蠕虫、水母、螃蟹和虾。它们通常比脊椎动物体形小，结构简单。这两组生物相比，无脊椎动物门更为庞大。

为了方便我们研究这个有如此庞大数量的生物群，先简单把它们分成两部分：简单的和复杂的。其中简单的无脊椎动物有海绵动物、腔肠动物和蠕虫。复杂一些的包括软体动物、节肢动物和棘皮动物。

像动物这样的多细胞生物，生理构造远比原生生物和细菌复杂得多。单细胞的生命形式是可以通过细胞膜直接吸收外界的氧分和食物的。而在多细胞生物的体内，上百万个细胞与外界隔绝，必须有动物体内的各个系统，细胞才能存活。

呼吸系统为动物体内带进氧气，带走二氧化碳。动物细胞需要氧气进行化学反应，将食物转化成能量。没有了氧气，细胞很快就会因能量不足而死亡。多数河口湾的无脊椎动物是从它们四周的淡盐水中获得氧气的。鳃——鱼类和一些水生无脊椎动物的呼吸器官——由薄薄的片状组织构成，每一片组织上都有上千条细细的血管。鳃的组织呈对折状，这样能确保在小空间里容下很大的面积。当水流进鳃时，溶在水里的氧渗进血管，同时血液中新陈代谢的废物——二氧化碳渗出血管，被排出体外。

呼吸系统与循环系统联手工作，后者主要负责为细胞输送氧气。循环系统也向细胞输送食物分子，清除新陈代谢的废物。为了准备给细胞运送的营养，消化系统摄取食物，分解食物。所有这些系统的运行和协调都由神经系统负责。还有一些其他的系统，例如，使动物能够运动的肌肉系统，包括皮肤和其他外在组织在内的外皮系统，以及清除废物的排泄系统。

河口湾的海绵动物

海绵动物属于原始动物，没有复杂的组织和器官。所有身体的功能不是由系统完成，而是由各个细胞来完成的。从结构

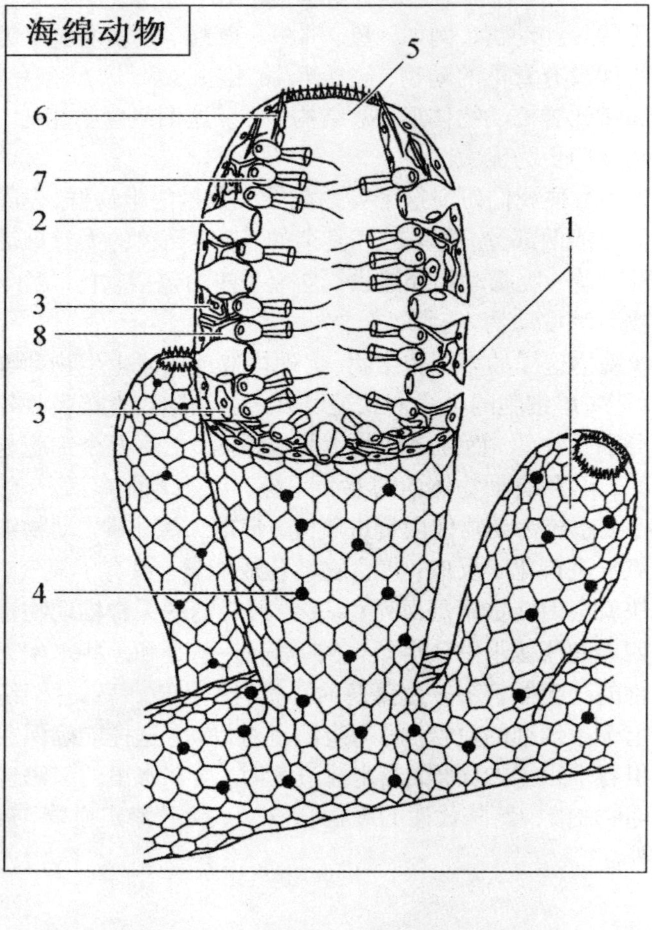

图3.1 海绵的表皮（1）上充满了小孔叫孔细胞（2）。阿米巴（变形虫）细胞（3）在海绵周围活动，为细胞带去营养。水通过进水孔（4）进入海绵，流进中空的区域，再从排水孔（5）出去。环细胞（7）甩动它们的鞭毛，保持有水不断流进海绵，收集悬浮在水中的食物碎屑。凝胶状层（8）是一层啫喱状基质，位于表皮和中空内层细胞之间。

上，海绵动物仅仅由两层细胞构成，一层表皮，一层内膜（如图 3.1 所示）。两层之间夹着一层啫喱状的物质，叫凝胶状层。为了支撑身体，海绵身体内含有一些矿化的小针，叫小针突，或者称之为海绵硬朊的硬蛋白纤维。

海绵动物体内，变形虫形状的细胞穿过啫喱状的夹层，穿过两层细胞，可以完成很多本应由高等动物的组织和器官完成的功能。消化食物时，变形虫形状的细胞将营养分子分配给其他细胞。它们还能完成其他的工作。例如，收集并清理废物，以及将小针突排列在合适的位置等等。

海绵动物吞食由内膜内壁上专门的环细胞捕获的食物细屑。每个环细胞都装备有一条长长的鞭毛，鞭毛来回甩动，搅起水流。因此，外面的水不断地穿进入表皮上的小孔，穿过内膜，再从排水孔出去。在水穿过海绵动物体内的期间，环细胞捕获悬浮在水中的食物细屑。

成年海绵是固着生物，一生只待在一个地方。成年海绵的大小和形状因所在地和品种而不同。在河口湾，大多数海绵个头矮小，在岩石等其他坚硬的表面上形成一层硬壳或薄膜。还有一些品种要高些，形状如同花瓶或手指。

海绵是雌雄同体的动物，它既可以制造雄性细胞又可以制造雌性细胞。当某种气候和月亮周期来临，海绵的性细胞就变成卵子和精子。排到水中的精子，会通过表皮的小孔进入另一个海绵体内，受精过程在此进行。有一些品种的海绵，将卵子和精子都释放出去，使之在水中结合。受精卵变成自由自在游泳的幼虫，最后固定在水底，长成成年海绵。海绵也可以通过形成芽体进行无性繁殖，芽体是在母体海绵底部生长的小生物，当它们成熟后，就离开母体，独自生活。另外，如果海绵被波浪撕成碎片，那么每一块碎片都能长成一个新的生物。

在河口湾环境中生活着几种海绵，它们大多颜色鲜艳，体形较小。红火山海绵非常显眼，因为它通体呈亮橙色或鲜红色。这种海绵直径约 4—6 厘米，体长 6—9 厘米，通体密密麻麻都是排水孔。

有两种海绵不论是名字还是长相都很相似，它们一个是面包碎屑，一个是面包屑。正如它们的名字，它们的样子就像面包屑。在河口湾沉积物丰富的地方，是它们茁壮成长的乐园。一个面包碎屑海绵群可以长到直径25厘米，高度可达12厘米，表面光滑，排水孔粗大，还有流苏状的分枝。天暖时，它们呈米色或褐色，气温下降后，它们就变得有点灰或黄。在产卵的季节，整个海绵群都变成了醒目的橙黄色。

面包屑海绵会在表面长出烟囱状排水孔，或在它流苏似的分枝末端长出排水孔。海绵的分枝能缠绕在植物、动物或岩石上。在波浪拍打不到的地方，面包屑海绵附着在水底，长成跨度好几英尺的海绵群。一年中的大多时间里，都可以在红藻扁平的叶片上找到这种米色或奶油色的海绵。

有一种浅紫色的海绵，生活在水底，形状扁平，在凸起的环上生长出微小的排水孔，高度仅有1毫米。树形海绵体形要大些，厚度可达到2毫米。排水孔分散，高度可达6厘米。鲜艳的番茄色的红胡子海绵形状如同立起的手指，高度可达20厘米。穿贝海绵是一种黄色的能分泌酸的海绵，在贝类和岩石上钻洞。它是蛤和牡蛎的天敌，能使其数量锐减。

身体的对称性

动物身体平面剖面图的一个重要特征是它的对称性。对称性是指动物身体的结构在大小和形状上的均衡相等的方式。很多动物都呈现出身体的对称性，只有一些种类的海绵是不对称的。在一个平面将一个不对称海绵分成两半，这两半是不相同的。

一些动物是辐射对称的，它们的形状呈或长或短的圆筒状，这些生物是固着生活的，或者可以缓慢移动，它们有截然不同的上下之分，却没有前后之分、头尾之分。一个平面可以从好几个地方穿过一个辐射对称的动物，把它划分为两个相同的部分。海星、水母、海参、海百合和海胆都是辐射对称动物的例子。

许多动物的身体是两侧对称的，在两侧对称中，一个平面只能从一个地方穿过动物的身体，将它分成两个相同的部分。动物身体两侧的对称部分互为镜像。两侧对称总是和那些到处跑的动物联系在一起。一个两侧对称动物的引导部分总是长着感觉器官，比如眼睛和鼻子。鱼类、鲸类、鸟类、蛇类和人类都是两侧对称的。

科学家们用特殊的方式来描述两侧对称的动物，参看图3.2。头或者前面的部分被叫做前部，相对应的，靠后的部分就是后部了。肚子或者身体下面的部分是腹部，而相对的部分，或者身体上面的部分就是背部。动物侧面的结构被说成是位于侧部。

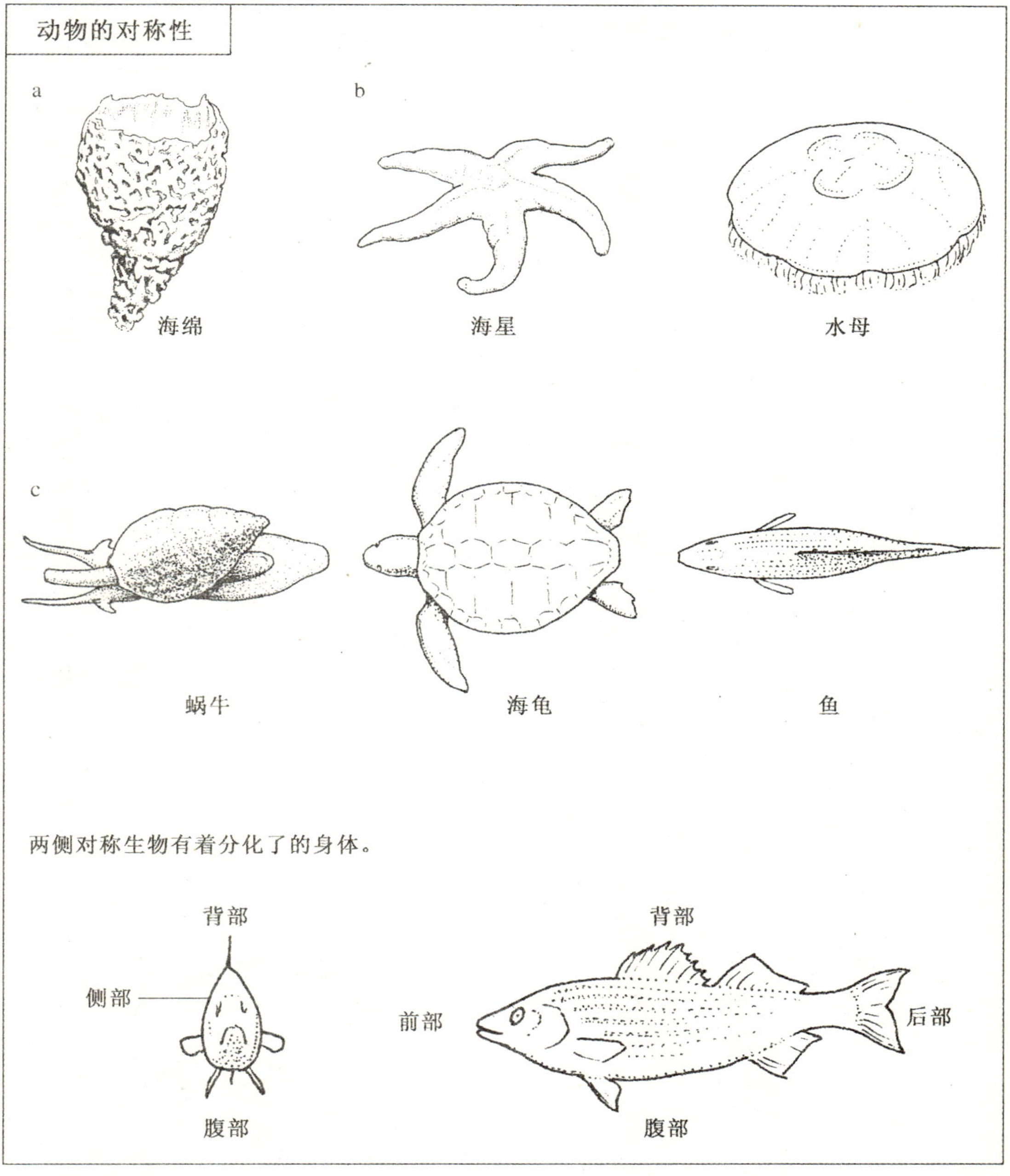

图 3.2　一个海绵（a）是一个不对称动物；海星和水母（b）是辐射对称动物；蜗牛、海龟和鱼（c）是两侧对称动物。在一个两侧对称动物中，前端的头被叫做前部，后面的尾被叫做后部。前面肚子的一侧被称为腹部，而后面或者上面的一侧被叫做背部。动物的侧面称做侧部。

腔肠类动物

对大多数人而言，最熟悉的腔肠动物就是水母了。这一组无脊椎动物还包括一些人们不太了解的生物，例如水螅和海葵。上述这三种动物中，在河口湾最常见的恐怕就是海葵了。

腔肠动物的身体形状简单，如袋状，可以以两种形式存在——水螅型珊瑚虫或水母（如图3.3所示）。水螅型珊瑚虫是形似花瓶的袋子，嘴朝上。水母正相反，形状如钟，嘴朝下。腔肠动物身上只有一个开口，就是它的嘴。这是一个既可以摄取食物，又能排出废物的通道。嘴的四周环绕着许多触手。身体有表层和内层两层组成，两层之间夹有一层凝胶状层。

腔肠动物体内有简单的神经网络，细胞间可以很快地沟通。神经网络与一种名为刺细胞的特殊细胞相连。刺细胞长在触手上，起着防御和捕食的作用。每个刺细胞都有一根刺，它和一根长长的刺丝相连，这根刺丝遇到猎物或敌人时就会弹出，刺入其他动物身体。有些种类的腔肠动物，刺上可能带毒，能致敌人瘫痪甚至死亡。而其他种类的刺上涂满了黏液。一旦有猎物中了圈套，触手将它送入口中，进到空囊里。在那里有各种酶把它分解，空囊中的细胞吸收营养。最后没被消化的部分通过嘴排出体外。

图3.3 腔肠动物有两种身体平面图，一种是花瓶形状的水螅型珊瑚虫（a），一种是钟形的水母（b）。两者都有触手（1），一个空囊（2）和身体上唯一的开口——嘴（3）。

腔肠动物身体平面图

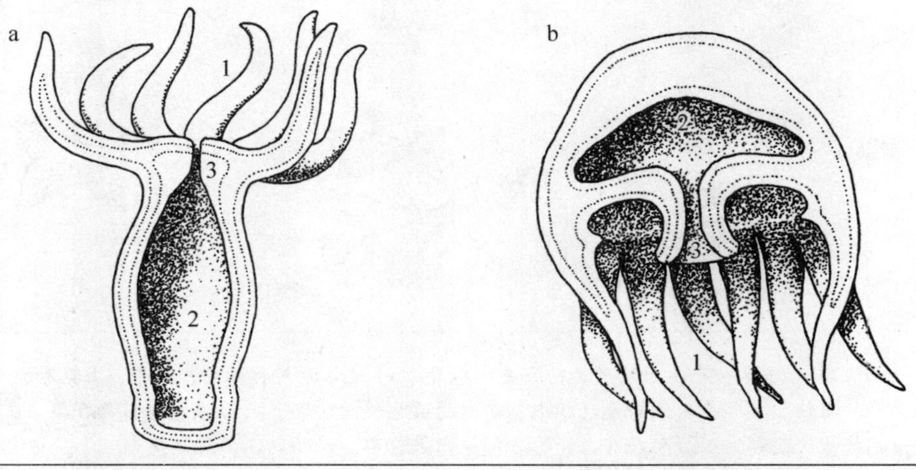

海葵是终生以水螅型珊瑚虫的形式生活的腔肠动物。海葵的身体呈粗柱状，上端是嘴，四周被一群触手包围，下端吸附在坚硬的底层。有些海葵分泌出一种黏稠的胶粘剂，帮助自己固定。尽管海葵被归类为固着动物，它们还是有办法四处活动。它们可以用吸盘似的足部在水底缓慢地挪动，用触手翻筋斗，或者给身体充气，漂到新的住所去。

海葵既有群居，也有独处的。比起独处，群居的海葵更能有效地保持水分。因此，在退潮时，海葵群要比单独的海葵承受少一些的压力。不过有一点是共通的，它们都可以用触手拾起小片的贝壳或岩石，放在触手上，好像戴上帽子一样，以遮阳和防脱水，同时也是一种伪装，躲避天敌。

某些种类的海葵有一种或多种共生生物，通常是体内含有叶绿素的原生生物，例如，简单的绿藻或甲藻。像甲藻这样住在动物或植物组织里的单细胞自养生物被统称为共生动物。以共生的关系住在一起，不论对主人来说，还是对客人自养生物来说，都是件好事。原生生物为主人动物提供营养和氧气，主人反过来保护自养生物不受天敌的侵袭，而且还为它们提供一个阳光充沛的住处。

聚生绿海葵身体呈绿色，触手末端呈粉色，顶部有放射状线条。聚生绿海葵既有如它名字所指的群居的，也有独居的。独居的海葵一般可以长到直径15厘米，而群居的海葵中每一个长得要小得多，直径只有2—5厘米，这种海葵也会用小块贝壳或石块盖住嘴和触手来保护自己。

与聚生绿海葵共生的生物有绿藻和甲藻，但像所有的海葵一样，它也能用触手捕食。它的猎物，包括等足目虫、两足虫这样的小虫子，它们要么被海葵触手上的刺丝刺中，要么被触手的黏液黏住。一旦猎物就范，海葵把它们塞进嘴里，进入胃囊消化。

聚生绿海葵能通过有性和无性两种方式繁殖。在夏季，进入交配期的海葵既释放出精子，也释放出卵子。卵子在胃囊中受精，年轻的幼虫从海葵嘴中游出去。不用多久，这些幼虫就能在水底安家，长成成年海葵。纵向分裂是海葵的无性繁殖方式，海葵从中间裂成两半，这些被克隆出来的海葵聚生成海葵群。如果两群不同的聚生海葵相遇，外沿的海葵会伸出触手大打出手，直到结怨的两个家族之间划出明显的界线为止。

巨人绿海葵能长到大约30厘米高，直径可达25厘米，不过通常长不了这么大。这个大家伙身体的颜色根据接受阳光的多少发生从绿色到褐色的变化，它的触手呈绿色、蓝色或白色。和它的堂兄弟聚生绿海葵一样，巨人绿海葵的颜色由它的共生动物决定。巨人绿海葵只能通过有性繁殖，而不能通过裂变产生下一代。附着在海水底的贻贝是它的美食。因此巨人绿海葵的幼虫经常在贻贝群居的地方定居。

一些研究者认为巨人绿海葵可以存活300—500年。海葵不像大多数动物那样会因年龄而衰老，除非突发事件、疾病或天敌夺取了它的生命，否则它会一直保持年轻的状态，蓬勃生长。这位长寿巨人的天敌有食肉蜗牛，它专吃海葵的触手，还有海蜘蛛，它最爱吸吮海葵体内的汁液，另外还有一些以海葵为食的海星。

河口湾地区有很多其他品种的海葵，地域不同，品种也不同。红绿海葵（如C－2彩图上所示）喜欢住在盐浓度是海水一半的水域。它的身体呈橄榄色，有红绿色条纹，触手粗钝，有一圈白色，极易识别。这种红绿海葵能长到12.7厘米高，直径可达7.6厘米。

普通海海葵的颜色由黄褐色向粉色过渡，身高10厘米。苍白海海葵生活在大叶藻下面，而透明地洞海海葵藏身于沉积层

产卵与孵化

在有性生殖发生时，雄性和雌性生殖细胞必须碰面并结合。许多海洋生物产卵，它们把两种生殖细胞的其中一种或者两种都释放到海水中，进行受精。为了保证这种生殖策略的成功，卵子和精子必须同时释放，这就是为什么产卵经常是一年一次，并且发生在特定时间的原因。动物们把特定的环境因子作为信号，释放它们的配子，这些环境因子有月相、日照长短和环境温度。

另一种策略是卵胎生。卵胎生的动物把精子排放到水中，而卵子停留在母亲体内。精子在水中漫游，找到一个雌性动物，进入它的身体，使卵子受精。然后卵子在母亲体内发育，直到孵化后，再离开母体。

卵胎生可以在受精卵发育期间，更好地保护它们不受捕食者的伤害。捕食者更容易邂逅那些在水中受精的和在海底附近受精的卵子，把它们作为一顿美餐。由于这个原因，卵胎生的动物只产生很少数量的配子就够用了，而那些卵生的动物必须产生成千上万的配子，作为一种策略，保证最终仍会有几个后代能够活到成年。

下面，只露出触手在外面。

海葵终生以水螅型珊瑚虫的形式生存，而腔肠动物中的水母则是终生生活在水母型阶段。水母大都远离海岸，在深水中生活。但在特定的季节，水母会出现在海湾、河口湾和入海口。当河口湾的盐浓度等同于海水时，就极有可能在河口湾看到水母。

为数不多的能终生生活在河口湾大叶藻之间的水母之一就是花梗水母。这种生物看起来不像水母，更像一朵花。它用一根花梗似的杆固定在海底，水母在花梗的顶端头朝下，嘴朝上。花朵的花瓣是水母的八个裂片，裂片的末端长有棍状的触手。花梗水母每只裂片末端，都生有上百只触手。这种水母体型很小，高度仅为3.1厘米，以蠕虫和其他小型海洋动物为食。

颠倒水母（如C－2彩图下所示）生活在红树林河口湾处。这种水母组织内共生动物的存在使这个30厘米的腔肠动物身体呈绿褐色。年幼时，它的背部即钟体着地，看起来非常像海葵。它的背部起到了吸盘的作用，将水母固定。颠倒水母伸出

图3.4　狮鬃水母因它鲜艳的金色而得名。（由Kip Evans和美国海洋与大气管理局提供图片）

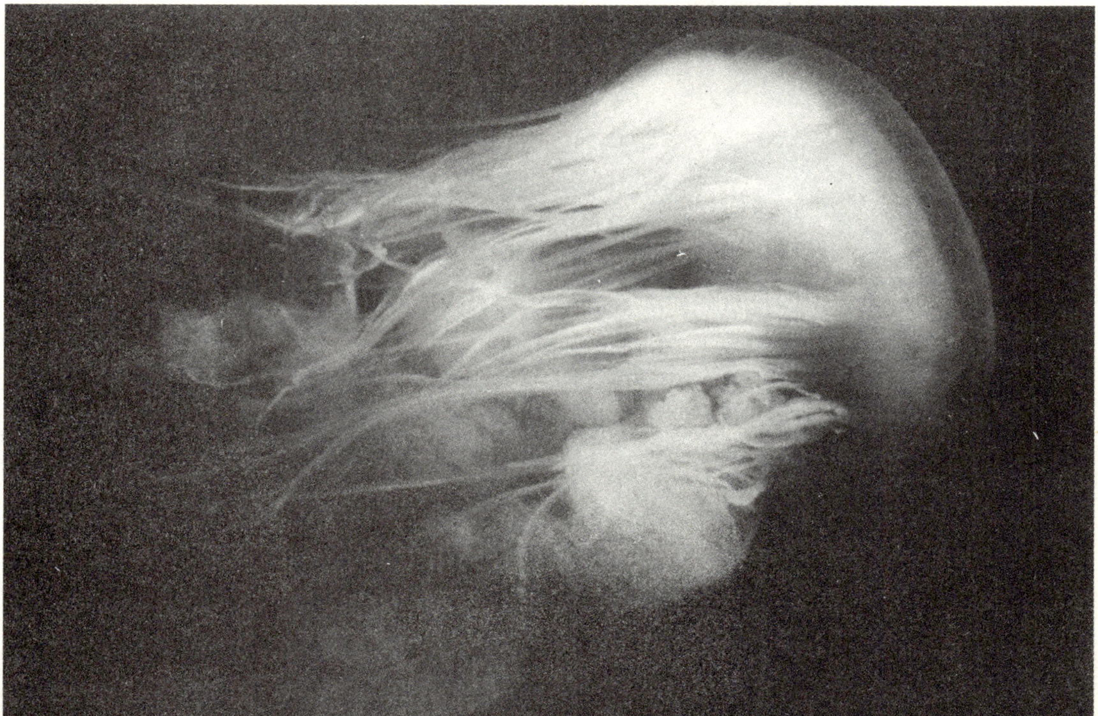

它那褶皱的褐色的触手在水中捕捉食物，以补充体内共生水藻，为其提供营养的不足。

不像其他种类的水母，颠倒水母中央部位没有嘴。它有上百张小小的嘴巴，长在钟体的边缘。不过它的繁殖方式在水母中是非常具有代表性的。雌性产完卵，留在体内，等待雄性释放精子，然后雌性用触手收集精子为卵受精。孵出的卵长成幼虫，幼虫长成小水螅型珊瑚虫，每一只水螅型珊瑚虫再自我复制，所有这些珊瑚虫最后变成水母。

在春末和夏季，月亮水母会来到河口湾作客。月亮水母灰白色半透明的钟体直径可达25厘米。短小带穗的触手和4个生殖器官以三叶草的形状排列，这使得这种水母很容易辨别（见图3.4）。狮鬃水母也可能造访这里。这种水母与月亮水母大小相近，颜色随年龄的变化由红变粉。在嘴的周围，橙黄色的触手像鬃毛般飘逸，这种水母因此而得名。

梳子水母

梳子水母（如图3.5所示）貌似水母，体外有八排“梳子”，或者说是八条融在一起的大纤毛。通过纤毛的击打，可以加快

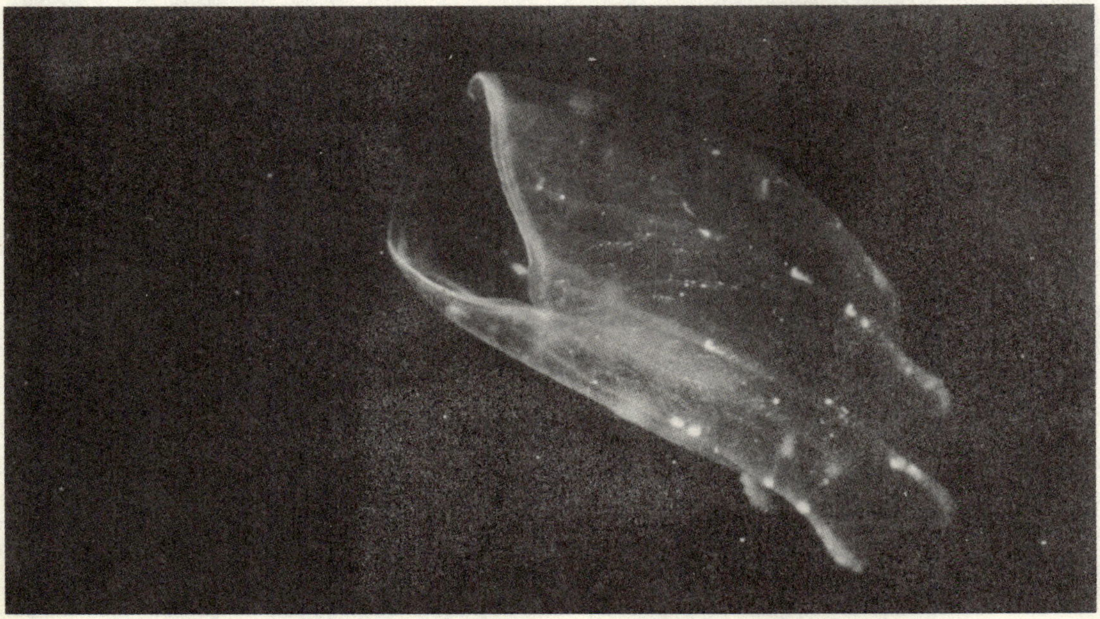

图3.5 尽管这种梳子水母与水母极为相似，但却属于栉水母。（由美国国家水下研究计划委员会、美国海洋与大气管理局提供图片）

梳子水母游泳的速度。有一些品种的梳子水母有两只长长的触手从钟体上垂下来，还有一些品种根本没有触手。由于缺少刺细胞，梳子水母不属于腔肠动物。相反，科学家把它们归为栉状动物的一种。短小的触手和纤毛将食物放进嘴里。很多梳子水母在被惊扰的时候会发光。

普通的南方梳子水母或称海胡桃最有可能在夏季出现在河口湾。两只长约5—7.6厘米的触手从它透明的身体垂下来。海胡桃触手伸开，四处漂浮，用体内的黏细胞捕获正在浮游生物中游泳的鱼类和贝类的幼苗。当受到惊扰，海胡桃会发出蓝绿色的光，并拍打触手迅速逃离。

生物发光

有的生物能够自己发光。海洋环境中的光线制造者包括细菌、浮游植物、无脊椎动物和鱼。生物发光是细胞内一种化学反应产生的。蛋白质虫荧光素和虫荧光素酶在氧气存在的情况下发生反应，就能够放出光。一个虫荧光素分子只能反应一次，而且每次反应都需要新的虫荧光素酶。某些情况下，虫荧光素和虫荧光素酶通过化学键结合起来，形成一个大分子，叫做光蛋白。钙和一些别的离子，也能够促进光蛋白反应。这个反应生成的能量，大部分作为光释放出来，只有很小一部分以热的形式散失。发光要消耗生物体10%的能量，因此，科学家推断，发光反应对这些生物来说，肯定有着重要的作用。没有人能确定究竟为什么这些生物要发光，不过，有如下四种推测。光线可能能帮助生物躲避天敌、诱捕猎物和同伴交流或者吸引别人注意。漆黑无光的深海，生活着一种天使鱼，能够通过摇动嘴边的萤火虫一样的结构来诱捕猎物。当毫无防备的鱼游过来一看究竟时，天使鱼就会一跃而起把它吞下去。闪电鱼的眼睛下面长着眼罩一样的结构，里面充满发光细菌。闪电鱼通过眼睛的闭合眼睑，就能够决定透出光的强度。这些鱼有可能是通过眨眼作为信号彼此交流。当波浪或船微微扰动水面或者一条鱼缓缓游过的时候，鞭毛虫和夜光虫就开始闪闪发光。它们发出的光能够威慑天敌，使其不敢靠近。生物发光的光强有重要意义。即使一只鞭毛虫发光时间只有0.1秒，也能够被人类看见。大一点的生物，比如天使鱼，能发出更为强烈的光。天使鱼及一些其他的大型鱼类能够发光数十秒。大部分生物发出的光都是蓝光。在水下，蓝光比其他颜色的光传播得都要远，因此，生物发出蓝光就有可能传播较远的距离。另外，许多海洋生物适应了蓝色的光，对其他光线视而不见。不过，巨口鱼是一个例外，它发出的光也能够看见，不过是红光。巨口鱼发出的红光频率接近电磁波的红外部分，因此人类看不见这种光。这种鱼比别的发光生物更懂得伪装，因为它发出的光能够让它既看见自己的同类也能看清猎物，同时却不会被其他生物发觉。

另一种梳子水母叫海醋栗，体型比海胡桃小，长度仅为2厘米。捕食用的带穗的触手长度超过身体。这种海醋栗多在冬季出现在河口湾。

蠕　虫

在河口湾、潮汐平原和盐水沼泽的底部，蠕虫的数量非常庞大。水底蠕虫不停地挖洞，给土壤带来新鲜的空气，还将埋在土里的营养翻到地面上。而且蠕虫也是河口湾食物链中重要的组成部分。河口湾里的蠕虫可分为两大类——扁形虫和环节虫。相比之下，扁形虫更为简单。

水生扁形虫是没有环节、没有附肢的扁平的虫子。它们靠纤毛在水底滑行。扁形虫的消化系统有一个口，负责摄入食物并排出废物。扁形虫靠咽进食。这是一条肌肉管，管中分泌酶，将食物分解成稀泥状，吸食进体内。大多数扁形虫是肉食动物，主要捕食小的无脊椎动物和原生动物。

扁形虫的繁殖方式有以下几种。有些靠无性分裂，产生两个一模一样的后代。还有一些品种家族成员全部为雌性，卵不受精也可以繁殖后代。大部分的扁形虫为雌雄同体，既可以产

蠕虫的对比

环节动物蠕虫比扁虫更加高等和复杂。扁虫的消化系统是单向的管道，像三明治那样紧紧地夹在两层体壁之间。然而，环节动物蠕虫在它们的两层体壁之间还有一个空间，叫做体腔，它代表了进化上的一个重要的进步，为身体的内部器官提供了一个空间。在环节动物蠕虫中，器官是被一层膜系在体腔中的，这层膜叫体腔膜。

所有有体腔的动物都有两套肌肉，其中一套肌肉围绕着体壁，而另一套肌肉围绕着消化系统。体壁的肌肉帮助动物运动，而消化系统的肌肉推动食物沿消化道运动。相对的，扁虫只有一套体壁中的肌肉系统，这套系统必须执行这两项功能。

分节现象之所以在动物的进化上是一个进步，是因为动物可以通过增加身体的部分来增大它们的个头。除此之外，身体的分节可以特化，以便于执行特定的任务。因此，由于缺乏分节现象，扁虫在大小和身体特化程度上都受到了限制。

扁虫所需的氧气和排出的二氧化碳，是通过自由扩散作用穿过表皮进入身体的。而分节的环节动物蠕虫拥有更复杂的气体交换系统。氧气通过皮肤扩散到血管中，然后血液把氧气带给蠕虫体内深处的细胞，再结合二

生卵子，又能产生精子。在交配的季节，扁形虫交换配子，以达到异体受精。在水生扁形虫后部有一团触手般的组织，主要负责收集来自周围环境的信息。这团组织能探测水中化合物，为蠕虫导航，并且能找到食物。同样在蠕虫后部，还有2—6对感光眼点能帮助蠕虫躲避敌人。

双色扁形虫可以长到2.5厘米长。雌雄同体的交配双方进行异体受精时，一方用针刺状的阴茎刺入对方的身体，精子从注射点运动到对方的卵巢，尖锐的针刺会严重刺伤对方，不过伤口会很快愈合。

环节虫比扁形虫的数量更为巨大。环节虫管形的身体可以分成若干环节，身体上有短而硬的毛。有一些环节虫还有脚一样的附肢，附肢的结构各异。水生环节虫中有游泳的环节虫，也有爬行的环节虫，游泳的环节虫的附肢更加发达。

与扁形虫不同，环节虫有性别之分。在交配的季节，卵子和精子都被释放在水中，这些性细胞相结合成受精卵，受精卵长成幼虫。在浅水中游弋一段时间后，幼虫停在水底，直到成熟。

那些游弋型或漂泊型的环节虫终生在水中漂泊，寻找食物。它们的身体细长，从头到尾变化不大。某些环节虫的头部有专门

氧化碳气体，将它运送到体外。环节动物蠕虫的血里含有血色素，它是一种含铁的化合物，可以吸引并结合氧气。含血色素的血液可以比不含这种分子的血液多携带50倍的氧气。在紧挨着环节动物蠕虫头部的部位，有五对肌肉构成的管子，它们有节律地收缩，以保证血液在蠕虫身体里循环。

和扁虫相比，环节动物蠕虫同样有着更发达的消化系统。扁虫的身体只有一个开口，就是它的口，同时用于吃东西和排泄。而一个环节动物蠕虫有两个开口，一端是口，另一端是肛门。口是食道的开口，它通向肌肉构成的咽。食物通过咽，进入嗉囊中，暂时储存后进入砂胃里，砂胃是一个用来磨碎食物的器官。食物从那儿进入肠道，肠道是进行消化的场所。消化了的营养物进入血管，而废物从肛门排出。环节动物蠕虫有特殊的叫做肾管的器官，可以从血液中除去含氮的废物，通过体壁上的微小开口将废物排泄出去。

从扁虫到环节动物蠕虫的这种进化也表现在其他动物门类之间，例如软体动物和甲壳动物，还有脊椎动物。环节动物蠕虫，虽然从进化上来说仍是简单的生物，却提供了生物进化的基础。

进食的结构，如长鼻和颌，还有的环节虫头部四周有鳃。像血虫和沙虫这样的游弋型环节虫在它们休息的地方挖管洞。

血虫的肤色苍白，从外面能看出红色的体液，它因此得名。这些身长38.1厘米的蠕虫，头部呈锥形，上有四只触角。与其他某些环节虫相比，血虫是个糟糕的游泳选手，它们短胖的附肢，帮助它们在水底爬行或在沉积物中挖洞。

血虫有很大的长鼻，上有四颗可收缩的黑色尖牙。在潮汐平原上，这种动物最多，它们可以用长了牙齿的长鼻迅速地将自己埋到地下。血虫非常适合在河口湾沉积物中生活，能够忍耐这里的氧气不足和盐浓度的起伏变化。

一种叫做蛤虫的环节虫有发育良好的足附肢和头附肢。沙虫是一种河口湾环节虫，身体细长呈灰色，反射出彩虹般的红、绿和蓝色。成年沙虫能长到30厘米长。身体上的每一环节都长有一对附肢和短毛。

沙虫是杂食动物，用咽和铁钳般的颌进食。白天沙虫躲在沉积层下内壁涂满黏液的地洞里，晚上它们出来捕食一些小的甲壳纲动物或软体动物，有时也以动物的尸体为食或者吃一些海藻。

当沙虫到达性成熟时，它们的外貌会发生惊人的变化。无论是雄性还是雌性，它们的后部都会变红、变肿。原来用于走路的足附肢变成了游泳附肢。某个月亮周期来临，雄虫离开泥土，游进水中。游泳时，身体急剧扭曲，释放出精子。雄虫的行为刺激着雌虫也游到水中释放卵子。后来，身体变成空壳的成年虫死亡。

其他种类的环节虫被称为定居型，因为它们长期住在一个地方等待食物送上门。它们的身体通常比游弋型的短，身体部位划分明显。定居型环节虫生活在管道或洞穴中，为了适应这样的小环境，它们有很多独特的进食和呼吸方法。很多主要靠浮游生物和其他悬浮在水中的小碎屑为食。在河口湾，定居型环节虫包括沙蠋、竹虫、泥虫和短毛虫。

身长20厘米的沙蠋的身体被分为三个部分。头和尾都没有附肢，身体躯干两侧短毛丛生，还有成团的鳃。沙蠋用前后两端的开口挖U形的沟。它先用长鼻吸土的方式挖土，然后倒退着退出挖好的沟，最后把肚子里的泥土排泄出来，在家门旁堆成一堆，沙蠋靠流过U形沟的水带进来的有机物为食。

竹虫看起来非常像竹子。它们10—15.2厘米长的身体仅由几个细长的环节组成，附肢分布稀疏。它们生活在低潮水位线以下的泥沙混合的沉积物中，靠土壤中所含的有机物和营养存活。每只竹虫都生活在由泥沙做成的管洞里。

泥虫生活在河口湾沉积层下、内壁涂满黏液的管洞里，泥虫的每个体节上都有成对的桨形的附肢。它们的头部有包括眼睛和触手在内的感觉器官。泥虫身体呈红褐色，鳃呈深绿色。它们用捕食触手进食，食物为泥土和碎屑。泥虫在河口湾水里的分布是由盐浓度决定的，这种环节虫在盐浓度低的地方无法生存，因此盐浓度降低会导致它们数量上的锐减。

短毛虫同样也是河口湾的居民。小头虫是一种前部较大的小短毛虫，体长可达10厘米。它红色的身体相当灵活，但又很脆弱。这种短毛虫在潮汐平原和河口湾的黑泥里用长鼻挖沟，它很习惯那里的低氧环境。另一种短毛虫——丝腮虫身体细长，呈桔色或褐红色，身长可达12厘米，头部粗壮，每侧有4—8只大大的黑眼睛。这种环节虫生活在土壤的管洞里，只有鳃和捕食触手露在地面上。

结　语

动物是能运动的多细胞生物，通过吞咽食物获取营养。无脊椎动物，即没有脊骨的动物，是一个数量惊人的大家族。其中海绵动物、腔肠动物、栉状动物和蠕虫是一些最简单的生命形式。

海绵动物是最原始的动物，没有组织、器官和器官系统。海绵使用一种烟囱和烟道式系统将水通过身体的小孔抽入体内，再将水从排水孔排出来，完成全身水循环。水在海绵体内循环流动的过程中，水中悬浮的营养物质被海绵的环细胞捕捉到，再由变形虫细胞将消化的食物输送到海绵的全身细胞。

大多数河口湾海绵体型很小，只有几英寸高。不过海绵群通常面积很大，红火山海绵和红胡子海绵，由于它们鲜艳的红色，非常显眼。恰如其名的面包碎屑海绵和面包屑看起来就像落在河口湾水底的面包屑。穿贝海绵是一种黄色的能在软体动物的壳上钻洞的海绵。

腔肠动物的身体比海绵动物复杂得多。包括袋状消化系统和神经网络在内的简单的身体系统能够协调身体机能，维持细胞的生存。腔肠动物拥有刺细胞作为防御和捕食的工具。很多腔肠动物都有单细胞绿藻之类的共生生物。河口湾的腔肠动物包括海葵、水螅和水母。

海葵生活在相对清澈的浅水处的河口湾水底，用吸盘式的足部吸附在水底，触手环绕在口的上部。退潮后有很多种海葵被曝露在空气中，它们会用小片的贝壳和石屑遮住身体。

群居型海葵，如聚生绿海葵，能通过无性繁殖形成海葵群。独居型海葵，如巨人绿海葵、红绿海葵和普通海海葵的体形要比群居型中的单个海葵大。偶尔海葵也会在吸盘上慢慢移动、翻筋斗或者顺水漂到一个新住所。

花梗水母和颠倒水母都是固着型水母，在河口湾水底安家。花梗水母就像长在水底的一朵花，长杆就是“花茎”，倒置的水母就是花瓣。颠倒水母没有花茎，钟体倒置在水底，触手向上伸，捕捉食物，捕获的猎物被塞进钟体边缘小口。这种水母除了捕食，大部分依靠共生生物提供养分。

梳子水母看起来非常像水母，但被定义为栉状动物。尽管它们的身体与腔肠动物有很多相同之处，但它们缺少刺细胞。海胡桃出现在夏季的河口湾，它们以能发出蓝绿色的光而著名。

在河口湾生活的生物中，蠕虫占的比例相当大。最简单的蠕虫是扁形虫，它的消化系统是一个既摄入食物，又排出废物的开口。扁形虫还有包括眼点和像触手般的组织在内的感觉装置，用以探测水中的化合物。

环节虫的身体可分为很多体节，在体节上大多有负责运动和呼吸的附肢。环节虫有游弋型的也有定居型的。游弋型的包括血虫和沙虫，它们一半时间在泥沟里休息，一半时间在四周游逛，寻找食物。定居型的包括沙蠋、竹虫、泥虫和短毛虫，它们整天在泥沟里，靠泥水中滤出的有机物为生。它们为土壤带来新鲜空气，将营养物质翻到地面。因此，在生态系统中，蠕虫的作用极为重要。

四 软体动物、节肢动物和棘皮动物

——盐水湿地中的高等无脊椎动物

像海绵动物、水母和蠕虫这样的简单海洋动物仅占河口湾系统中无脊椎动物的一部分。河口湾同样也是一些复杂的无脊椎动物的家，它们中包括软体动物、节肢动物和棘皮动物。

软体动物包括蜗牛、蛤和鱿鱼。蜗牛身上有壳，靠锉刀般的舌头进食。与蜗牛有近亲关系的是双壳类软体动物，其中包括贻贝、牡蛎和蛤。它们大多是滤食动物，长时间居住在河口湾水底的泥沟中。软体动物中还有一类，就是鱿鱼和章鱼，它们的体形和贝壳与其他成员完全不同。

节肢动物是体节动物，生有外骨骼可以保护它们不受敌人的攻击，包括茗荷、虾和蟹。很多节肢动物是河口湾食物网上的重要消费者，以捕捉小型的软体动物和蠕虫为食。棘皮动物，表皮多刺，包括海星、海胆和海参。棘皮动物有着非凡的再生能力，能使它们失去的肢体和部分消化系统再生。它们大多数依靠管状足行走，动作缓慢。

很多复杂的无脊椎动物都要在浮游生物中生活一段时间。浮游生物是由潮水和海浪从海中带来的单细胞有机物及微小动植物构成。那些可以进行光合作用的，例如硅藻和单细胞绿藻，被统称为浮游植物。而那些微小的异养生物，例如原生动物和小动物，被称为浮游动物。浮游生物对河口湾中上千种生命形式来说是非常重要的食物来源。

软体动物

河口湾为一些软体动物提供了一个理想的家园，“软体动物”这个词从字面理解就是“柔软身体的动物”。这个名字描述出了软体动物这个动物群体的共性。软体动物适应的地域很广，身体进化得也各有不同。在河口湾，有两种软体动物最为

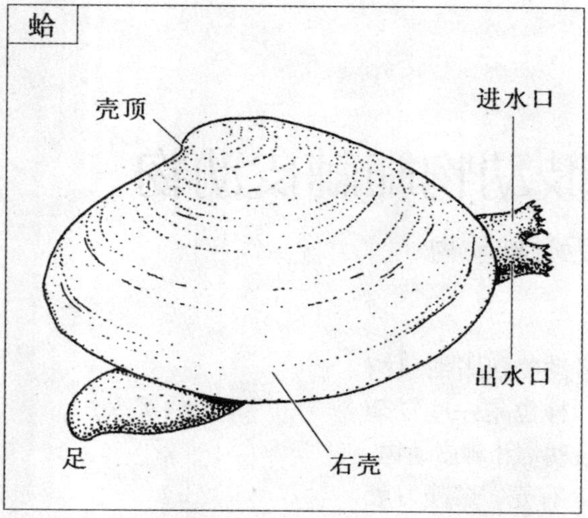

常见：一种是腹足纲软体动物，例如：蜗牛和它的近亲；还有一种是双壳类的，例如，蛤和其他两壳动物。一些包括章鱼和鱿鱼在内的头足纲动物在河口湾也有，只不过数量较少。

所有的软体动物都有一些共同的特点。它们都有柔软的身体，体内有循环系统、呼吸系统、生殖系统、消化系统和排泄系统（如图4.1所示）。一层薄薄的套膜覆盖全身。某些品种的软体动物，身上的套膜能分泌出可以形成贝壳的物质，或者分泌墨汁、黏液或酸。软体动物还有一个肌肉足，既可用来附着地面，也可以用来活动。大部分的软体动物都是用舌头搜刮食物。它们的舌头是布满尖牙状突起的肌肉组织，食物主要有海藻、动物组织或碎屑。双壳类动物主要靠滤食水中漂浮的食物颗粒为生。头足纲动物是捕食者，以其他种类的软体动物和甲壳纲动物为食。

图4.1 双壳类动物的各器官和肌肉是长在两扇贝壳之间。

很多软体动物都行动缓慢，它们柔软的身体需要保护，以防敌人的攻击。对于腹足纲动物和双壳类的动物来说，这种保护来自于它们的壳。而它们的壳也还有其他的功能：为肌肉提供附着点，并且防止身体组织脱水。

所有的软体动物都有性别之分。双壳类动物将卵子和精子释放在水中，完成体外受精。而腹足纲动物和头足纲动物则是体内受精，即精子进入雌性的体内。受精结束，雌性将成串或成堆的卵子排在沙子上、海草上或岩石上。受精卵发育成游弋的幼虫，大多数幼虫在浮游生物中度过几天或几周以后就能变成成年动物的形状了。

腹足纲软体动物

很多人们熟悉的河口湾软体动物都属于腹足纲，例如，蜗牛、油螺和荔枝螺（海蜗牛）。它们大多都有一个壳，当然也有些品种没有壳。腹足纲软体动物的头上有包括眼睛、触手和嘴在内的感觉器官。它们用来运动的脚位于身体的中心，宽大扁平。蜗牛的壳呈螺旋形，保护里面的身体。某些种类的壳上还有门，叫厣，在危险的时候可以关上。

亚洲泥蜗牛生活在潮汐平原，移动缓慢，以淤泥上层的硅藻为食。与大多数的软体动物不同的是，亚洲泥蜗牛的卵子不会发育成浮游的幼虫。成年雌性蜗牛将卵囊置于泥内孵化，孵化出来的幼仔与父母的体形非常相似。由于这一品种缺少了一般蜗牛的浮游幼虫的阶段，因此，它们的后代也不会分散到别处去，大多数的小蜗牛会在出生的地方成长。

有肺蜗牛喜欢住在地势高的潮际区的草叶之间。有肺蜗牛可以用肺呼吸空气，不过也可以无限期地呆在水下用皮肤呼吸。在春天海水涨潮时，有肺蜗牛释放浮游幼虫，经过两周时间，这些浮游幼虫又会被下一次的春潮冲回潮际区。一旦沉到水底，它们就会变成典型成年蜗牛的模样，浅色的壳上有深色条纹。

东部泥蜗牛的壳呈锥形，身长大约2.5厘米。深褐色的壳上有白线交叉，每个线与线的交叉点上都有小突起。东部泥蜗牛生活在美国东海岸的潮汐平原和盐水沼泽上，以硅藻为食。在这里还生活着加利福尼亚带角蜗牛，它们两个家族为了争夺食物和地盘，成了冤家对头。加利福尼亚带角蜗牛的特征是有一个沉重的、褐色与白色相间的壳。

沼泽荔枝螺也是一种蜗牛。它的颜色发白，壳上和壳外缘的内侧带有红褐色的斑点。它生命中大部分的时间生活在绳草上，随着潮涨潮落，它在绳草的茎上爬上爬下，始终保持在水面上方一点的位置。

在无脊椎动物的世界里，沼泽荔枝螺（如C－3彩图上所示）的生活习惯与众不同。其他品种的蜗牛以植物或硅藻为食，而荔枝螺喜欢吃寄生在绳草上的真菌。为了培养更多的真菌，荔枝螺用它锋利的舌头把绳草的叶片啃得破破烂烂，同时在叶片伤口处排泄粪便。粪便富含真菌孢子和营养。一旦叶片感染上真菌，蜗牛们就返回美美地吃上一顿。被沼泽荔枝螺破坏的绳草感染上真菌的速度要比完好无损的绳草快。这种种植真菌的方法很罕见，据我们所知，还有几种昆虫会这种方法。

大西洋牡蛎海蜗牛是一种在牡蛎壳上钻孔的蜗牛。这种蜗牛的壳呈椭圆形，身长3厘米，身体呈紫色。它会在一些有壳的无脊椎动物的壳上钻圆的小孔，然后吃掉动物的身体。在用舌头钻洞前，这种蜗牛先在猎物身上分泌一种化合物，以软化贝壳。洞打好后，蜗牛将它的管状进食器官长鼻伸进壳里，在猎物身上喷洒消化酶，最后吸食已成糊状的动物身体。

双壳类动物

双壳类动物是软体动物中身体被两片贝壳包围的一类。两扇贝壳一侧铰合在一起，另一侧由结实的闭壳肌开关。鸟蛤、蛤蜊、贻贝、牡蛎和鲍都是在河口湾能够找到的双壳类动物。

双壳类动物的柔软身体并没有明显的头部和尾部。在身体的中心有一只大足，能从部分开启的贝壳中伸出来。不同的软体动物的足部有不同的用处，如固着在水底挖沙或游泳。那种用足挖沙的蜗牛的套膜进化成了两个虹管，这是两个伸到水中的管子，帮助鳃进行水循环。

作为滤食者，双壳类动物靠它们的鳃换气并捕食。水通过吸入虹管进入套膜腔。位于套膜腔的鳃上覆盖了一层纤毛和黏液。水中的食物颗粒被鳃上的黏液粘住，然后被纤毛扫进嘴里。没被消化的废物从排泄虹管排出，在双壳类动物的周围堆起了一堆淤泥。双壳类动物必须让大量的水流过身体以捕集充足的食物，摄取营养。一个普通大小的贻贝每小时处理水量达1升。

蓝贻贝是一种典型的腹足纲软体动物。它的蓝黑色的贝壳有5厘米长，形状有点像拉长的三角形。蓝贻贝遍布从温带到北极地区的河口湾。它们长期居住在一个地方，但偶尔它们也会稍微搬一下家以改善在水流中的位置。它们用足部分泌出的足丝附着于水底。足丝分泌出来后变硬，将它们固定在水底。如果需要移动，蓝贻贝会调整现有足丝的长度并再分泌出些新的足丝来。足丝还可以用于防御，把天敌蜗牛捆绑起来，使它们动弹不得。

雌性蓝贻贝在1岁时开始产卵，每次产卵在水中能排500—12 000万颗卵子。同时雄性蓝贻贝释放精子，实现卵子的体外受精。每个受精卵都会发育成一只担轮幼虫，这是一种纤毛上有横膈膜的极小生物。这只幼虫经过发育长成帆状幼虫，这样的幼虫很显眼，形状如帆，含纤毛冠。经过4—6周的成长，蓝贻贝长到0.25毫米成为“青少年”。此后在水底定居，长成成年蓝贻贝。

很多河口湾双壳类动物都有巨大的经济价值。在新英格兰，最常见的双壳类动物之一就是帘蛤，一种硬壳蛤（如C－3彩图下所示）。它的名字起源于美国土语中“工资”这个词，因为用这种蛤壳做成的小珠子一度可以作为流通货币。它身长有7—10.8厘米，喜欢盐浓度低的水域。帘蛤的贝壳呈灰黄色，上面有清晰的环，每一个环代表长了一岁。和牡蛎一样，帘蛤也是企业和个人争先打捞的对象。

虽说都是双壳类动物，但牡蛎和帘蛤还是非常容易区分的。牡蛎的壳粗糙不规则。牡蛎是群生的固着型动物，吸附在岩石等坚硬的表面。与大多数其他的双壳类动物不同的是，牡蛎没有足和虹管，所以必须打开贝壳让水在鳃部流通循环。普通牡蛎（如C－4彩图所示）生活在北美东海岸的大部分地区。

节肢动物

在河口湾地区生活着大群的节肢动物，它们在陆地上的近亲，有大家熟悉的昆虫和蜘蛛，典型的水生节肢动物包括螃蟹、虾和茗荷等。

节肢动物的身体有外骨骼提供结构支撑和保护自己不受外敌的攻击。节肢动物坚硬的外骨骼主要由几丁质构成。几丁质是一种非常坚硬又高度柔韧的聚合物，结构与纤维素类似。几丁质是由外骨骼下面的最外层皮肤分泌出来的。

节肢动物的身体可被分为几个体节。头部包括大脑、感觉器官及专门摄取食物的结构。某些节肢动物的感觉器官包括复眼，它能将多个画面像拼马赛克一样拼起来，还有能感知触摸的触角。

节肢动物这个词意思为“有关节的腿”，而节肢动物动作迅速就是因为它们有带关节的附肢。附肢指的是腿、触角或从躯干伸出的任何部位。附肢的功能全面，可以捕食、行走、游泳和感知环境。

在大多数的节肢动物中，都是在求爱仪式过后雌雄交配，雄性将精子放在雌性体内，精子在雌性体内直到卵子成熟。当卵子离开卵巢，储备的精子就被释放出来，完成卵子受精过程。受精卵发育成幼虫，在浮游生物中自由自在地生活不长时

外骨骼的利与弊

80%以上的节肢动物都有一个坚硬的、套在身体外面的外骨骼。外骨骼和其他骨骼系统的作用类似。像两栖类、爬行类、鸟类和哺乳类那些长在身体里面的骨骼（内骨骼）一样，外骨骼也可以支持身体，维持无脊椎动物身体的形状。外骨骼也有其他作用，它们可以像盔甲一样给动物提供保护，使之不受捕食者的危害。另外，由于外骨骼完整地包被着动物的组织，还可以防止动物不会过分干燥。外骨骼还可以作为肌肉的附着点，由于杠杆作用和机械方面的原理，它们比起内骨骼来更加有优越性。一只小小的虾可以用它的螯把一条鱼切成两半，或者能够举起相当于它体重50倍的东西，它们之所以如此“力大无穷”，就是因为外骨骼这方面的优点。

虽然外骨骼有很多好处，但它也有一些缺点。外骨骼很重，所以随着时光流逝，披着外骨骼的动物中，成功地生存下来的那些动物的体形一直保持很小。另外，有外骨骼的动物必须脱去旧壳长出新壳，或者叫蜕皮，好使身体长大。在刚刚换下旧壳时，动物没有了外骨骼的保护，很容易受到天敌的伤害。

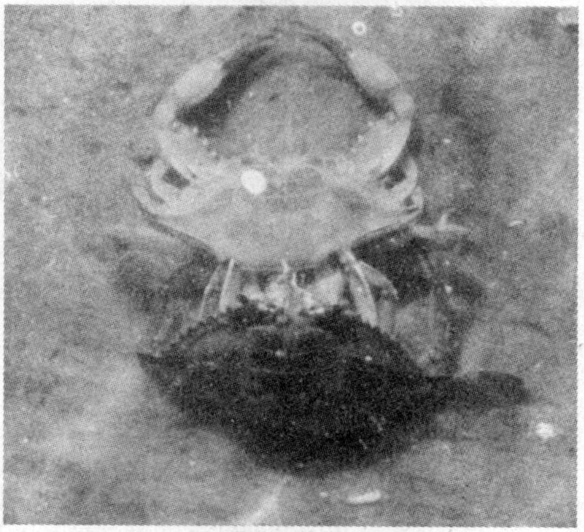

图4.2　一只蓝蟹为了成长，蜕去了老壳，在这以后的几天里它对敌人没有任何防御能力。（由 Mary Hollinger、美国国家海洋与大气管理局环境数据中心生物学家和美国国家海洋与大气管理局提供图片）

间后就固着在礁石上进入成熟期。

甲壳纲动物

甲壳动物是节肢动物里的一个大纲，甲壳动物的身体体节可被分为三个区域：头部、胸部和腹部。头部有五对附肢。其中两对是触角，另外三对用于进食，有些种类的甲壳动物有大螯，能产生上百磅的力量。甲壳动物的身体和腹部有行走或游泳附肢。

河口湾中最小的两种甲壳动物是水蚤和沙虱，它们都是浮游动物，是其他动物的主要食物来源。水蚤体形极小，体长不到1毫米。它们白色或透明的身体呈鱼雷状，尾巴成叉形，身体前端生有两只与身体差不多一样长的触角。

水蚤以单细胞海藻和其他浮游生物为食。为了漂在水上它们的附肢呈羽毛状，以扩大表面面积，减缓下降速度。此外它们的体内含油球，由于油的密度小于水也能浮在水面上。水蚤通过它的长长的触角和躯干附肢向后划，在水中纵跃前行。

水蚤的繁殖方式是体内受精。受精卵放在雌性水蚤腹部下方卵囊里。孵化出来的幼虫在水中漂浮游曳，直到成熟。

沙虱是形状像虾的小甲壳动物，生活在水中或沉积层中。体形比水蚤略大，是杂食动物。与水蚤不同，沙虱的幼虫不在浮游生物中生活。受精卵被雌性放在身上的育儿袋里，孵化出的幼虫成熟后才离开那里独自生活。

茗荷是生活在钙质壳中的固着型甲壳动物。它终生附着在木头、岩石等一些硬实的表面，大头朝下，腿从壳中伸出来。在落潮时，茗荷暴露在空气中，为了避免身体干燥，它将壳关闭，留出缝隙使潮湿的空气可以在鳃周循环，提供氧气。

茗荷是雌雄同体，但大多通过异体受精繁殖。茗荷通过它伸出的一只长管，将精子传输给旁边的另一只茗荷。受精卵发育成的幼虫，经过在浮游生物中的一段生活，幼虫分泌出一种褐色的胶状物质，将自己固定在坚硬的表面，然后发育成成年茗荷的样子。

橡子茗荷生活在河口湾岩石上、贝壳上或者是码头的木桩上等坚实的地方，它的形状如同橡子，因此而得名。在英国河口湾地区经常可以找到一种橡子茗荷，北部岩石茗荷。这种动物形状如虾，有交搭在一起的保护外壳。在水下时，外壳打开，6对羽毛般，像手一样的触毛伸出来捕捉水中漂浮的残屑。茗荷只有在水中才能进食。因此，在落潮期间，露出水面的茗荷不能像在水下时一样经常进食，导致在这一段时间生长缓慢。

虾、龙虾和螃蟹是河口湾甲壳动物中的近亲。它们都有五对腿，第一对常变形为螯。虾，体形较小，有10条腿，外骨骼相对较轻，鳃位于壳下。与龙虾和螃蟹不同，虾擅长游泳而不是爬行，用肌肉组成的长长的虾尾推水，身体前行。头部前端有复眼，提防敌人来犯。

白虾（如图4.3所示）与褐虾和粉虾同为一家。它们一生中都会有一段时间生活在河口湾。白虾体长25厘米，褐色的

图4.3 白虾，一种食用虾，生活在河口湾地区。（由美国国家河口湾研究保护委员会和美国国家海洋与大气管理局提供图片）

触角比它的身体还长。五对腿中的三对是小螯。褐虾的尾扇由深绿色和红色的尾肢组成，而粉虾的呈蓝色。虾利用不同的附肢运动。步行足可以短距离携带食物。游泳肢适合长途旅行。尾肢可以使虾倒退脱离危险。

白虾经常出现在河口湾水底的淤泥里和盐水沼泽中。产卵期间，它们回到大海，雄虾将精子输送给雌虾，雌虾把精子放在腹部下方受精。受精卵沉到海床停留一到两天，然后孵化成浮游幼虾。幼虾变成成虾之前要经历几个阶段，当然一次比一次更长大一些。在最后的阶段，幼虾看起来就像成年虾，只是尺寸小些。这时，它们要返回河口湾寻找食物，在那里生长。它们把家搬到淡水入海口，因为这里食物丰富。幼虾们以植物和有机物为食，长大后它们开始捕食蠕虫、鱼类和贝类的幼苗，甚至其他虾。第三年的春天，成年虾离开河口湾，回到大海准备繁衍后代。

蓝色泥虾经常出现在河口湾水底的淤泥中和盐水沼泽里。一对雌雄蓝色泥虾在泥中挖洞，一般它们先纵向挖45厘米，再横向挖大约100厘米，然后再向上纵向挖到地面。挖土时，蓝泥虾用它们前两对毛状胸肢形成的“篮子”运土。这些身长15.2厘米的甲壳动物也用它们的足过滤水中的食物。与白虾一样的是，雌泥虾也在腹部孵化孩子，不时也用它的游泳肢搅水，为卵子带来新鲜的空气。

蟹可以分成很多种，像所有的甲壳动物一样，蟹有坚硬的保护性的外骨骼。它们的身体扁平，是为了能够挤进小空间里。与虾和龙虾相比，蟹的腹部较小，而且与身体结合得十分紧凑。

品种不同，蟹进食的方式也不同。而对食物的偏好，也跟各种蟹的螯的大小和形状有关。例如：螯如勺状的蟹以海藻为食，因为它们可以从岩石上将海藻舀或刮下来。以贝类为食的蟹的螯巨大，且带有又钝又宽的牙齿，能够打开贝类的外壳。食腐蟹的螯锋利，能撕碎动植物的残体。滤食蟹的螯能舀起淤泥，使它们能滤食淤泥中的有机物。

真正的蟹（如图4.4所示）有五对行走肢，其中一对已经变形成了螯。尽管它们也能缓慢地向前爬行，但大多数情况下它们都侧向飞奔。当交配季节来临时，蟹会举行大型的交配仪式。雄性挖洞，然后向雌性挥动大螯，轻拍沟洞来吸引雌性。一旦雌性选定了她的伴侣和合适的家，就会钻进洞里，直到排卵。

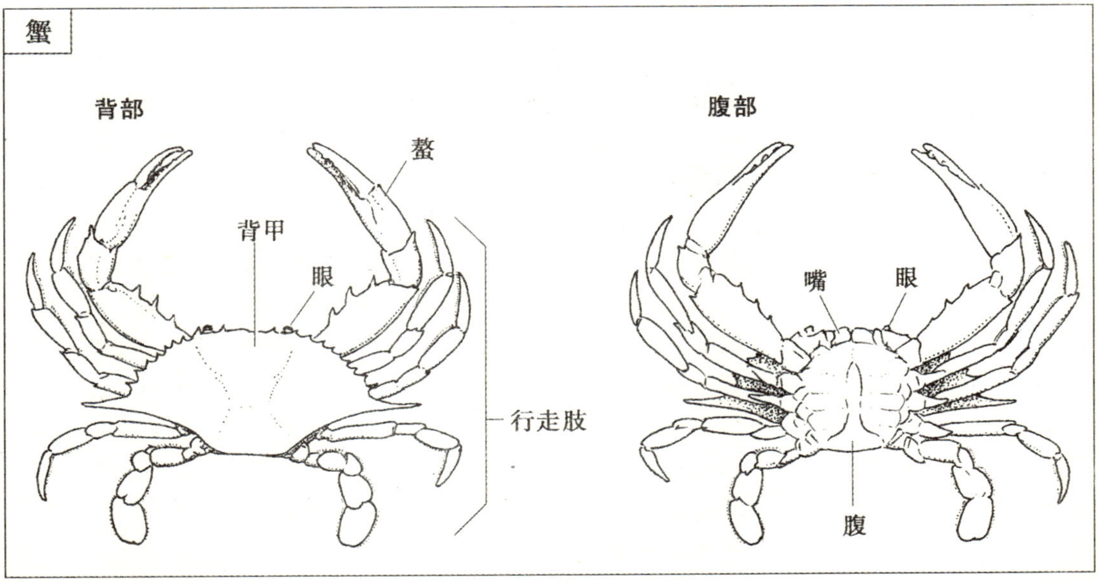

图 4.4　蟹有五对行走肢，其中一对已经变形成为了螯。

河口湾是很多种蟹的家。这里有蓝蟹、沙蟹、石蟹、绿蟹、弄潮蟹和雪蟹等。蓝蟹背部呈褐色或橄榄绿。螯和行走肢呈蓝色，宽度可达15.2—22.8厘米。它们都有一对螯、三对行走肢，还有一对游泳肢。突出的眼睛能观察周围的包括身后的情况。

雄性蓝蟹有T形的腹部，雌性的腹部呈圆形。在她最后一次蜕壳前，不成熟的雌性被雄性保护，将她夹在身下。雌性蜕壳后，在她的壳还没有坚硬之前，她露出腹部，让雄性将精子输送给她，雄性一直保护雌性，直到她新壳结实了。雌性可以将存活的精子储存1年。季末，雌性产卵，卵子游过储存的精子边，完成受精。蓝蟹通常每次产1.75—2百万颗卵子，一季产两次，而每次都用的是同一次储备的精子。雌性蟹身上附着一个海绵块，里面装着卵子。孵出的幼虫经历一系列的蜕壳和七个幼蟹阶段。成年蟹终生住在河口湾中，是杂食动物，它的食物包括双壳动物、其他蟹、甲壳动物、植物和生物残体等。

盐水沼泽和潮汐平原中最常见的蟹是弄潮蟹。它和其他蟹与众不同之处在于，它的身体较小，呈方形，而且只有一只超大螯。弄潮蟹就是用这只螯在退潮时沿着海岸找食物。它们用螯将泥舀起，吃里面腐败的有机物。

雄性的螯一只大一只小，雌性有两只小螯。雄性挥动超大螯，吸引雌性的注意力或者要吓走敌人。大潮期间，雄性蟹准备好沟洞，让雌性蟹在孵卵期间在这儿休息两周左右。当它从洞里出来，释放出卵子，随着潮水被带到了大海。经过两周的漂流和成长，它们乘着下次大潮又回到了河口湾。在幼蟹发育成成年蟹之前，一共要经历五个不同的发育阶段。大部分的弄潮蟹的寿命为1—1.5年。

弄潮蟹挖的洞比较复杂，有不止一个出口。洞的入口有1.2厘米宽，洞深可达30厘米。大西洋沼泽弄潮蟹只在洞附近活动，一旦危险临近，可以迅速钻进自己的或邻居的洞里。洞里凉爽适宜，是躲避炎热太阳的好去处。大潮期间，它们会用泥球堵住洞口，以防潮水灌入。这样即使有水封住了洞口，它们还有沟洞里残余的空气可以呼吸。和其他水生蟹一样，弄潮蟹和其他陆生蟹都有鳃，不过弄潮蟹用鳃来呼吸空气。为了做到这一点，它们的鳃必须保持湿润，因此大西洋沼泽弄潮蟹和其他蟹从不在离水太远的地方活动。

泥生龙虾

在红树林河口湾，泥生龙虾对红树林的生长和健康尤为重要。泥生龙虾并不是真正的龙虾。确切地说，它是一种与蟹十分相近的甲壳动物。生性腼腆的它，在红树林根部周围挖土，大约能挖2米深的沟，堆起高约3米的火山形土堆。白天，泥生龙虾藏在U形沟洞里，晚上，它们爬出洞来，继续挖土。

泥生龙虾挖土，是为了找到腐殖质，那是它们最爱的食物。为满足营养需求，它们坚持不懈地每天挖出大量的土壤。而这种行为给红树林河口湾系统带来了很多好处。原来埋在地下深层的营养被翻到接近地面树根能达到的地方。还给原来缺氧的土层带来了氧气和富氧水。翻过的土壤为红树林的幼苗提供了一个理想的家，落在泥生龙虾挖过的土壤上的幼苗长得要比别处的幼苗长得快。

泥生龙虾堆起的土堆又成为红树林河口湾中其他动物们的家。土堆很高，因此那里的土壤不像周围的土壤那么潮湿。因此像蚂蚁、蜘蛛、蛤蜊、蛇和蠕虫这些不能在浸水的土壤中生活的动物就在这安了家。还有一些像海冬青之类的植物也在这里扎根。泥生龙虾土堆的存在增加了这一区域物种的多种性。

寄居蟹和其他蟹不同之处在于它有两对行走肢。由于寄居蟹腹部柔软，没有坚硬的外骨骼，它们常常躲进废弃的蜗牛壳里寻求庇护。它倒退进壳里，为了适应贝壳的形状，它的腹部能绕成螺旋状。再用已经进化成夹子的两对后肢将身体固定。一旦遭到攻击，它能完全退进贝壳，用螯封住入口。随着寄居蟹身体不断长大需要定期更换更大一点的外壳。

在河口湾，长螯寄居蟹喜欢荔枝螺和海蜗牛的壳。这种长螯寄居蟹体形较小，最大能长到5厘米。还有一种平螯寄居蟹体形要大些，喜欢住在月亮蜗牛和油螺的壳内。

马蹄蟹

马蹄蟹虽然叫蟹，但其实它应该算是蜘蛛的近亲。它的贝壳呈马蹄形，后面长长的尾巴是游泳时的舵，在贝壳的背部有两只复眼和两只普通眼。贝壳的下面有五对足，前四对是行走肢，第五对是游泳肢，像折叠的书页一样的鳃位于身体后端。马蹄蟹以软体动物和蠕虫为食。

在美国的东海岸，上百万的大西洋马蹄蟹从缅因州的海湾和河口湾一路沿海岸爬到墨西哥湾交配。交配发生在春末大潮过后的月圆之夜。大潮可以帮助它们将卵放在地势高的海岸上。交配时，小个子的雄性用它第一对足上的钩子将自己的身体紧贴在雌性的背上。雌性将受精卵埋在地上的洞里。四周后孵化出来的身长1.2厘米幼蟹，看起来和父母的样子差不多，它们游进河口湾的浅水中度过童年。在成熟之前，它们还会蜕几次壳。

棘皮动物

海星、海参和海胆都是棘皮动物，或者说是“皮肤多刺的动物”。所有的棘皮动物形体都是对称的，并且它们大多都有五个甚至更多的部位从中心向四周伸展。棘皮动物的身体大都靠内骨骼支撑，不同的品种，内骨骼也不同，有的内骨骼是完整的一块，有的是靠关节连接起来的。由于它们的嘴位于腹部表面，因此离水底更近。它们的肛门位于腹侧。棘皮动物中有肉食类、腐食类，也有草食类。品种不同，它们的摄取营养的方式也各不相同。

如图4.5所示，海星的触手般的结构叫“管足”，负责运动

图4.5 在海星的腹部的正中间有一张嘴，每一条腕上都有管足。（由James P.McVey博士和美国国家海洋与大气管理局海洋保护计划委员会提供图片）

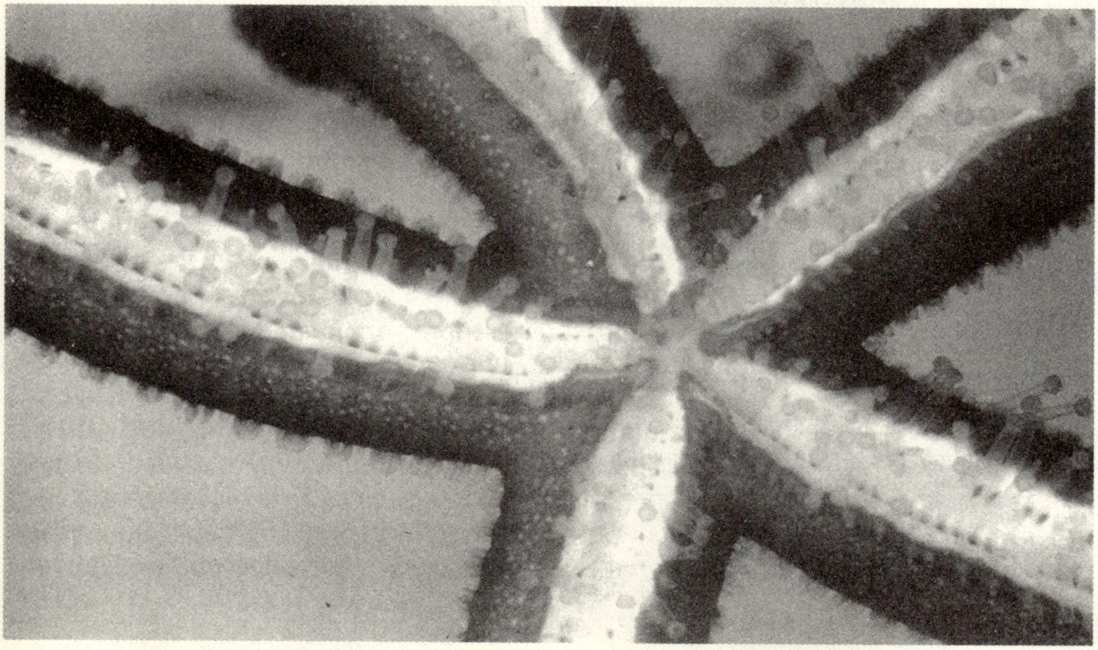

和捕食。管足就像一个吸垫，通过一张一弛使海星完成运动，这些吸垫的工作原理是这样的：通过管足的小管向每个吸杯供水，当管足向物体施力，水被挤出，产生吸力。当水回到吸杯，吸力消失，管足松开。

棘皮动物有性别之分，实行体外受精。受精卵生育成浮游幼虫，不久，幼虫沉到水底，同时呈现出典型棘皮动物的特征。大多数的棘皮动物也能无性繁殖。所有的棘皮动物都有再生能力，不管失去的是肢体、刺还是内脏肠子，都能很快再生出来。

普通海星呈红色或橙色，宽度大约为13厘米。与其他海星一样，这个贪吃的捕食者用强壮的管足将双壳动物的壳撬开，只要撬开一个缝隙，它就将胃滑进猎物体内，胃中的消化液将双壳动物组织溶解后吸收。吃完后，海星收回自己的胃，爬向下一个贻贝。

海胆是一种看起来像个刺球的棘皮动物。它的体内结构和橙子相似，分成十瓣，每一瓣都有硬壳保护。位于腹部的嘴有一种叫“亚里士多德灯”的进食结构，它状似鸟嘴，由五颗牙齿组成，能从岩石上刮下海藻。紫海胆体长10.2厘米，身体布满了2.5厘米长的紫色锥形刺。它利用管足在水底缓慢移动。

海参是一种管状动物，看起来像胖蠕虫。其他棘皮动物腹卧在水底，嘴朝下。而海参则侧卧，嘴在身体一端，肛门在另一端，嘴周围有一些由管足进化成的触手。某些品种的海参用这些触手摄取水中或沉积物里的食物碎屑。这种动物的呼吸结构位于消化道一侧。

海参有一套非常奇特又非常有效的防御策略，叫“自动去脏术”。一旦受到威胁，海参就将肠子从嘴里或身体上任何一个开口喷出，喷到入侵者身上，这黏糊糊的一堆东西经常能吓走捕食者。而几天后它就能再生出一副肠子来。

在河口湾有一种生活在泥沙河床上或沉积物之下的海参，它的体形很小，全长仅为2—4厘米长。它的身体透明，像蠕虫，但没有管足。嘴的周围有长短相等的十二根触手。

另外一种海参，身体呈褐色或深蓝色，皮肤粗糙。嘴周围有有颜色的触手。它的个头很大，能长到50厘米，身体上有五列双排的管足。它喜欢在岩石这样坚硬的表面上生活，而不是柔软的泥地上。

结 语

河口湾的丰富食物和浅水环境使这里成为大量软体动物、甲壳动物和棘皮动物的安乐窝。它们有些一辈子住在这里，还有些把这里当成幼儿园，因为这里相对安全。

包括双壳类和腹足纲软体动物在内的软体动物喜欢居住在河口湾的潮际区。双壳类动物是由两扇坚硬的贝壳保护起来的软体动物。它们的身体外有一层套膜，能分泌出可以形成贝壳的物质和某些防御性的化合物。它们大多是滤食者，用鳃的黏液粘住水中悬浮的食物碎片。蛤蜊、贻贝和牡蛎都是海岸双壳动物。

腹足纲软体动物包括居住在扇贝壳中的软体动物和还没有贝壳保护的软体动物。在河口湾到处可以见到它们这样的动物，例如：月亮蜗牛、黑蝾螺和海蜗牛。

腹足纲软体动物一般都是以双壳类动物为食。它们爬上双壳类动物的贝壳，分泌汁液软化贝壳，直到可以在贝壳上用它们锋利的舌钻出洞来。一旦打穿一个洞，腹足纲软体动物就将消化酶洒在猎物柔软的身体上，然后吸食一光。

甲壳动物是无脊椎动物中有外骨骼保护的节肢动物。在河口湾的甲壳动物包括虫子般大小的沙虱和等足目动物、虾和蟹。所有这些动物都有行走肢或游泳肢或两者兼有。它们大多数都通过体内受精繁殖后代，受精卵在行走肢或游泳肢上孵化。与甲壳动物有近亲关系的马蹄蟹，它和陆生蜘蛛有很多相同之处。

棘皮动物，也被称做刺皮动物，因为它们的外保护层粗糙多刺。它们的身体呈放射状，大多可被分成五等份。海星、海胆、海参等都是属于棘皮动物。它们都用靠液压控制的管足缓慢行走。海星用管足撬开双壳动物的壳，捕食猎物。一旦撬开缝隙，海星就将胃挤进去，消化吸食猎物，结束后再收回它的胃。棘皮动物还具有非凡的再生能力，不论丢掉肢体还是内脏，都能自行再生修复。

五 鱼 类

——成长在海洋幼儿园里的鱼类

地球上只有为数不多的水环境中既有咸水鱼，又有淡水鱼，而河口湾就是其中之一。在所有的脊椎动物中，鱼类家族最为庞大。河口湾里的鱼类有一些长期居住在这里，还有一些只在这里产卵和度过幼年时期。

和大多数的水环境相比，在河口湾里生活的鱼类数量之大，几乎与它的面积不成比例。很多海洋动物在海中繁殖，然后它们的孩子游到河口湾生活直到成年。因为河口湾的每个缝隙角落都能为它们提供躲避敌人的藏身之处，这里的丰富食物还能为它们提供成长所需的营养。

在河口湾生活的鱼类主要分为两种，软骨鱼和硬骨鱼。软骨鱼包括鳐鱼和鲨鱼，但这两种鱼中在河口湾并不多见。而在河口湾生活的硬骨鱼有上百种。

软骨鱼

世界上有几种鳐鱼生活在河口湾地区。大西洋鳐鱼就是其中最具代表性的一种。在夏秋时节，大西洋鳐鱼迁徙到大西洋海岸线上的河口湾的浅水中。当气温下降时，它们又转移到温暖的深海去。这种鱼身体扁平，宽约30厘米，顶部为褐色，往下变成白色。嘴呈三角形，身体边缘为圆形，胸鳍与头相连。尾巴的根部有一支含有毒液分泌细胞的硬须。

大西洋鳐鱼习惯生活在不深于0.9米的水中。觅食时，它游近河口湾的沙底，在沉积物中寻找食物。它经常游游停停，在沙底一动不动，判断下面是否真的有猎物。由于它的眼睛长在头顶，所以它寻找食物时主要靠电场感应来探测。一旦发现猎物，大西洋鳐鱼就会上下挥动腹鳍，这个动作会在沙地上造成一个浅浅的凹陷，让猎物现身。大西洋鳐鱼的食物包括一些居住在水底的无脊椎动物，例如：海葵、蠕虫、腹足纲软体动物、等足目动物、双壳动物等。

大西洋鳐鱼的牙齿扁平，厚钝，适合嚼碎坚硬的贝壳和外骨骼。在交配季节，雄性鳐鱼的牙齿变得又长又细，并向嘴角弯曲。交配季节从秋季开始到春季结束，但排卵是在早春。求爱时，雄性紧紧尾随着雌性，轻咬“她”的身体和鳍。然后用“他”的长牙抓住“她”的胸鳍进行交配。胚胎在母体中共生活四个月左右，夏末出生。在前三个月，胚胎靠卵黄素提供营

鲨鱼的身体构造

虽然鲨鱼的种类千千万万，但从解剖学上讲它们都是相似的。鲨鱼的消化系统从布满利齿的口开始。鲨鱼齿是持续生长着的，鲨鱼永远都有3 000颗牙齿，排成6—20排。当老的牙齿从前排脱落，年轻的牙齿就从后往前移动，取而代之。这些牙齿适用于各种各样的食物。根据种类的不同，鲨鱼可以有薄如匕首的牙齿，用来抓紧猎物；有锯齿状、楔形的牙齿，用来切割和撕咬；也有圆锥形的小牙齿，用来撬开贝壳类动物的壳。

鲨鱼的内骨骼由软骨构成，质量轻而延展性佳。它们的外部坚韧而粗糙。鲨鱼有伸展性极其优秀的皮肤，表面覆盖着盾状的鳞片，每一片都尖锐无比而且边缘锋利。鲨鱼鳍坚硬且不能像硬骨鱼类那样向下折叠。

和一切水生动物一样，鲨鱼从水中获得氧气来生存。和空气相比，水中含有小部分不溶解的氧气。水表每升水中可含有5毫升氧气，和陆地上的生物可享用的每升空气210毫升氧气的量相比，真是小巫见大巫。为了生存，鱼类在水中必须高效地排出和搜集氧气。

水生生物的鳃起到和陆生生物的肺一样的功能。鲨鱼从嘴和头顶的呼吸孔中吸入水，这些水通过鳃并从头部两边的鳃裂溢出。大多数鲨鱼通过嘴的一张一合来泵入大量的水。有些鲨鱼，被称做“灌输式吸入机”，必须不断游动才能把水吸入鳃中。鳃中的毛细血管携带水中的氧气输送到心脏——一个小型的两心腔“S”形心脏。接着，含有氧气的血液被输送到全身各部分。

鲨鱼在体内受精。雄性鲨鱼通过腹鳍将精子输送给雌鲨。有些鲨鱼是卵生的，即雌鲨会产下受精卵。鲨鱼卵沉积在湖和浅水礁，6—15个月后孵化。许多卵的卵囊长有毛状或皮状的卷须层，帮助它们吸附在岩石和植物上。有些鲨鱼是胎生的，胚胎在雌鲨的体内生长发育，直到出生。也有少数鲨鱼是卵胎生的，即胚胎在母亲体内一个卵中发育，卵在体内孵化，幼鲨吃掉蛋黄和其他未受精卵之后出生。

鲨鱼的数目与其他鱼类相比要少得多，其原因之一是鲨鱼的出生率很低。这和其他鱼类以及许多无脊椎动物都不一样，雌鲨一年中只产下少数的后代。而且，胎生物种的妊娠期（胚胎在母体内发育的时间）是很长的。

养，后一个月，它们靠母体产生的子宫乳维持生命。大西洋鳐鱼一胎生三四个孩子，出生时体宽仅为10厘米。

在河口湾还能发现几种鲨鱼，其中安灵弥撒鲨鱼是一个典型的代表。它是贪得无厌的捕食者，鱼类、水底生活的无脊椎动物、龟和水鸟都是它的猎物。它们多夜间活动，或三五成群，或独自一个。这些鲨鱼中有些品种是胎生，还有些是卵胎生的。

典型的河口湾安灵弥撒鲨鱼是沙洲鲨。正如名字所示，这种鲨鱼喜欢在沙洲或泥沙水底生活，全球热带和温带地区都有它们的影子。它高耸的背鳍呈三角形，嘴部短圆。这种体形短粗的鲨鱼背部呈褐色或深蓝色，腹部白色，体侧呈中间渐变色。成年雌性体长2.4米，雄性略小，平均约1.6米。胎生型雌性每2年繁殖一次，每次妊娠期12个月，可生8—10条幼鱼。沙洲鲨成熟期较长，直到13岁，才到生育年龄。由于它们的寿命仅为21年，因此它们的生育期相对较短，这是导致它们数量少的一个原因。

另外一种在全世界河口湾地区都可以发现的鲨鱼是锤头鲨

图5.1 锤头鲨的长方形的头部使它们在水中非常容易辨认。（由Getty Images提供图片）

(如图5.1所示)。它的背部由浅灰渐变成深灰，腹部呈白色。这个大家伙长度为3.5米，体重可达230千克之多，不过至今发现最大的锤头鲨可达450千克重。锤头鲨的厚厚的长方形的头使人一眼就能认出它来。第一个背鳍和鲨鱼特有的背鳍一样高耸直立。夏季，锤头鲨迁徙到北方，来到河口湾及其他的岸边水域，捕食小鲨鱼、鳐、其他鱼类、甲壳类、双壳类和头足纲动物。

豹纹鲨，体长130厘米，这个中等身材的游泳健将经常成群结队地在水中游弋。在河口湾和环礁湖，经常可以看到豹纹鲨贴近水底的泥沙捕食甲壳类动物、双壳动物和蠕虫，它们的嘴又宽又短，背鳍呈圆形，不像其他鲨鱼三角形的背鳍。背部颜色为灰色向青铜色渐变，带有大片深色的花纹和斑点，体侧颜色渐淡，和腹部皮肤融为一色。豹纹鲨一胎可生下4—29只幼鲨。

硬骨鱼

大部分的鱼是硬骨鱼，有硬的骨骼，它们的种类之多令人瞠目。有些鱼的形状像鱼雷，而有些鱼扁平似馅饼，很多热带鱼色彩鲜艳，身上有漂亮的线条和斑点，而大多数温带和冷水鱼则没有那么漂亮的颜色。有些鱼要经历漫长艰苦的迁徙之旅，而有一些鱼在一个小地方终其一生。

河口湾是很多迁徙型的硬骨鱼的中转站，包括为产卵而入海的淡水鱼，例如：美洲鳗，大多数时间生活在淡水里，产卵时迁徙到海里。这样的鱼还包括为产卵而入江的咸水鱼，例如：美洲河鲱，产卵时则从咸水迁徙到淡水中去。

除上述两种类型以外的其他鱼也把河口湾当成摄取食物、产卵育儿的乐园。多佛尔鳎鱼、星状比目鱼以及上百种其他的鱼都在海里产卵，然后将幼鱼送到河口湾，让它们在这里度过无忧无虑的童年。等它们长到一指长左右，再回到大海。

在河口湾，为产卵而入江河的咸水鱼要比淡水鱼多。在这些咸水鱼中，我们最熟悉的就是鲑鱼或称大马哈鱼。“鲑”代表了整个一个家族，这个家族成员的长长的身体上都覆盖着圆形的鳞片。典型的鲑鱼后背上有斑点，背鳍和尾部之间有一只肉色的鳍。每种鲑鱼的生命周期都很复杂，它们主要生活在北美和亚洲海岸的北太平洋，以及北美和欧洲海岸的北大西洋。鲑鱼的生命周期在图5.3中有详细的图解。

春季，大西洋鲑鱼在淡水中产卵，孵化中的幼鱼靠卵黄囊摄取养分。6周后，卵黄囊中的营养耗尽，卵中的幼鱼长成鱼苗。鱼苗主要以水中的幼虫和其他小猎物为食。鱼苗长成幼鲑，幼鲑的身上有竖条花纹，可以帮助它们在捕食时，不被敌人发现。幼鲑在淡水中生活1—3年，才能第一次由河入海。

此时，15.2厘米长的银色小鲑鱼体内发生了一些化学变化，使它能够适应未来的咸水环境。在由江河游到大海之前，小鲑鱼要在河口湾的微咸水的环境中生活一段时期，让身体有时间适应盐浓度的变化。小鲑鱼游到大海，生活2—4年，在这段时间里它们发育成熟，长成体重3.6—8.64斤的成鱼。

硬骨鱼的身体构造

所有的硬骨鱼有许多共同的结构特点，如图5.2所示。其中一项是所有的硬骨鱼皮肤上都覆盖着鳞片。鳞片就像屋顶的瓦片一样，彼此相压，既保护皮肤免受伤害，也减缓了水从鱼皮肤进出的速度。

硬骨鱼靠鳍来控制身体的位置和运动。这些鳍由柔软的薄膜组成，其中包着较硬的软骨。鳍可以收缩和舒张。鳍是根据位置命名的：长在背上的是背鳍，在尾巴后面的是尾鳍，长在腹面的是臀鳍。鱼有两对长在侧面的鳍，其中胸鳍靠近头部，腹鳍靠近尾部。尾鳍推动鱼的身体使其向前运动，其他的鳍则起到改变方向和维持平衡的作用。

鱼类的食物多种多样，但多数鱼类在口中还是长着小牙，以便咬住食物。食物被消化，其中的营养就被闭合的血管分散到身体的各个部分。鱼类的心脏有两个心室,血液循环就是由心脏推动的。进入心脏的血液是缺氧的血，充满了新陈代谢的废气——二氧化碳。血液先被心房收集，然后送入心室。从心室出来以后，血液流向鳃部。在鳃部，血液吸收氧气，排出二氧化碳。水流从头部一侧的鳃裂中流出。鳃裂外面被鳃盖盖住以保护鳃。

对许多硬骨鱼来说，血液中的气体还要被运送到另一个器官：鳔。这个器官十分重要，它就像一个气囊，通过调节浮力帮助鱼类控制在水中的深度。鱼增加鳔中的气体以后就能浮上来；减少鳔中的气体就能沉下去。

多数硬骨鱼是体外受精的。雌鱼在水中产下数以百计的卵，这时候等在旁边的雄鱼就排出精液，其中含有精子。精子和卵结合，在水中完成受精。然后雌鱼和雄鱼就离去了，任卵在水中自生自灭。并不是所有卵都能受精，而且许多受精卵也被别的动物吃掉了，所以，只有一小部分卵能够孵化出幼鱼。

硬骨鱼的特征

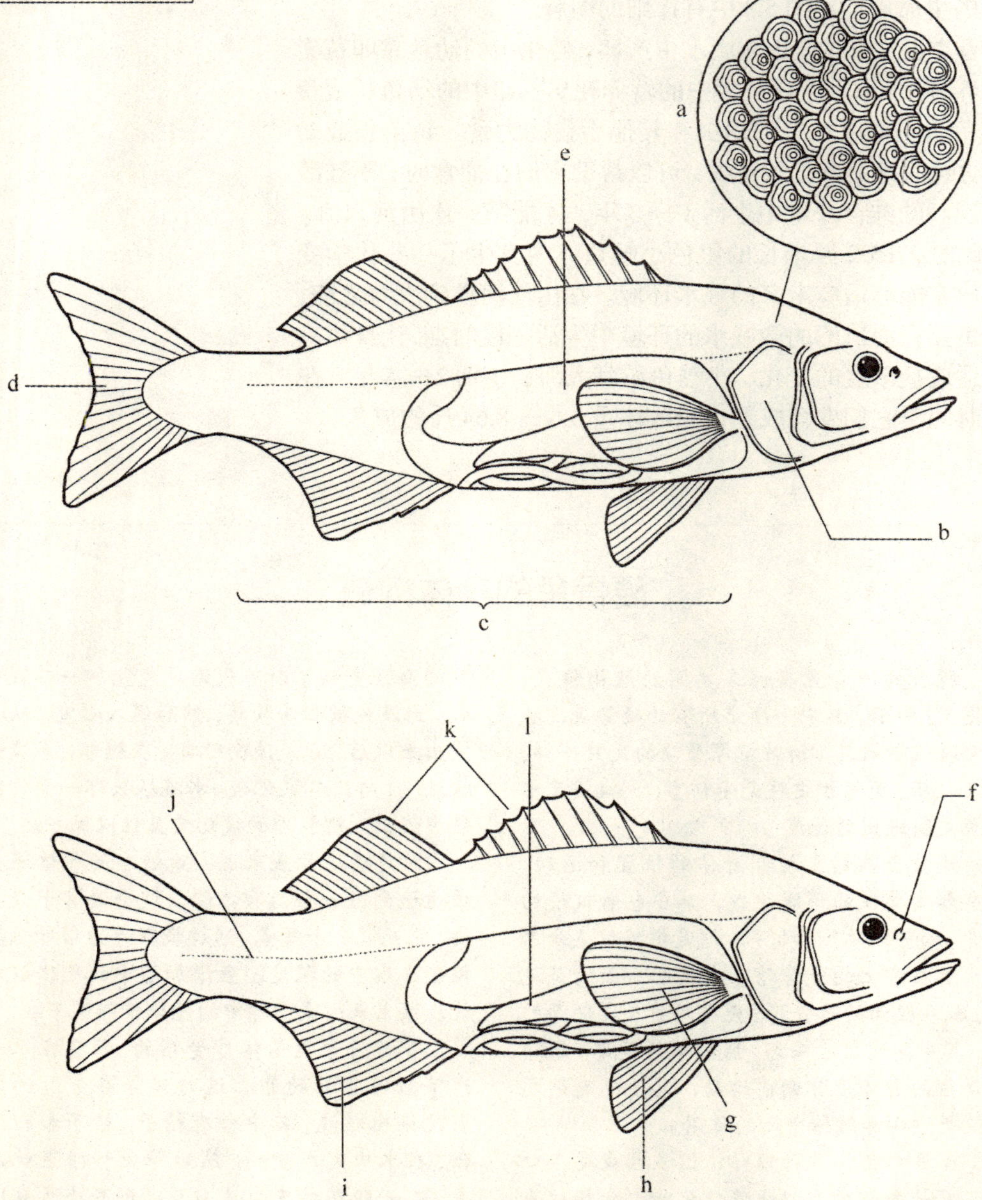

图 5.2 硬骨鱼的特征包括骨质鳞片(a)，鳃盖(b)，非常灵活的鳍(c)，上下对称的尾(d)，调节浮力的鳔(e)，鼻孔(f)，胸鳍(g)，腹鳍(h)，臀鳍(i)，侧线(j)，背鳍(k)以及胃(l)。

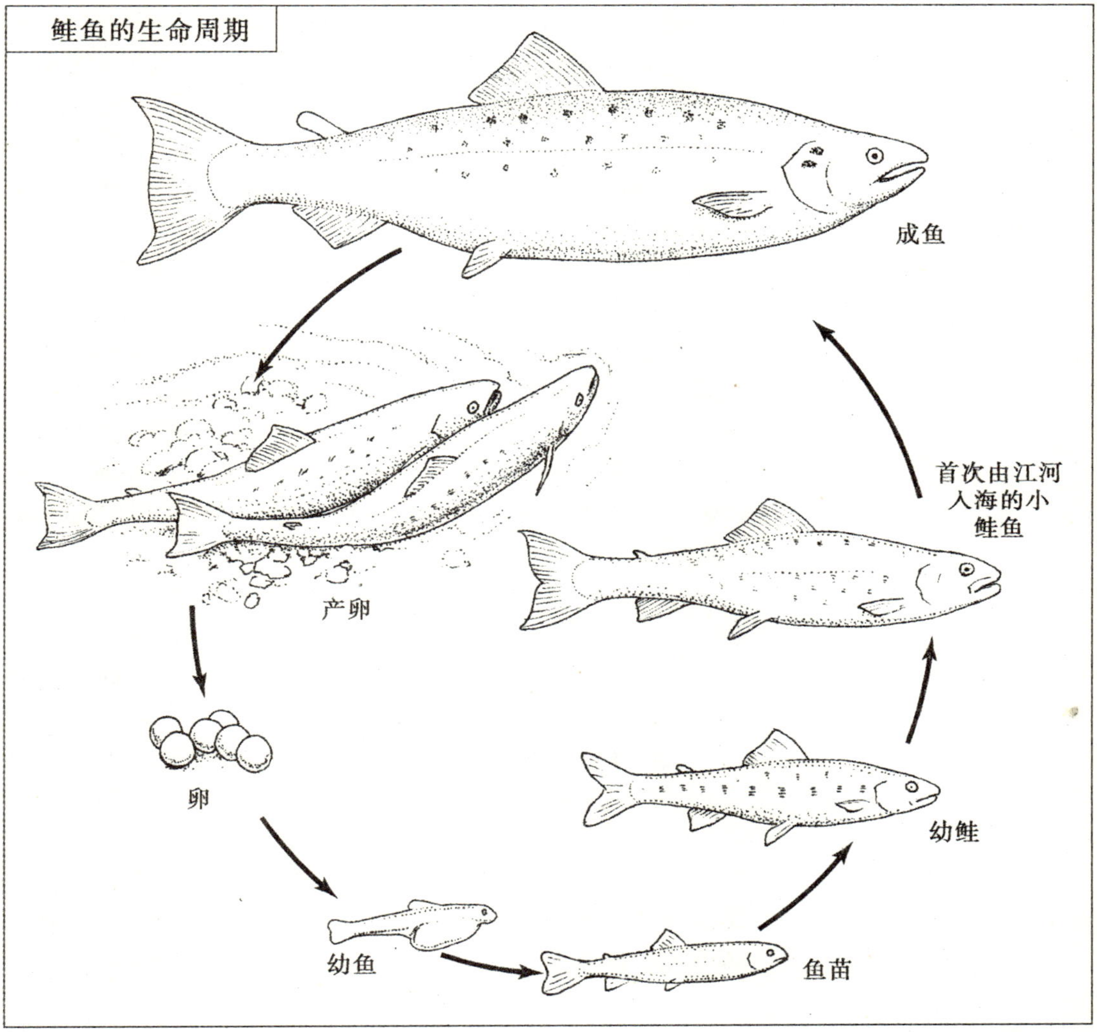

图 5.3　鲑鱼在不同的生命阶段，生活在淡水、河口流和咸水中。

当繁殖期来临，成年鲑鱼开始漫长的旅程，回到它们出生的江河去。它们每天行程115千米，靠着超凡的记忆力和敏锐的嗅觉找到它们出生的地方。每一条河都有其独特的气味，这是那里的动植物、矿物质和土壤混合起来的味道。在回家的路上，鲑鱼要在河口湾停留一段时间，以适应盐浓度的变化，一旦进入淡水河，它们就不再进食，直到回到大海。

在交配的两只鲑鱼中，由雌性选择产卵地点并负责挖出一个窝来。她来回摆动身体，挖出一个长约3米，深约30厘米的窝。雄鱼雌鱼并排躺下释放卵子和精子，卵子受精后，雌性将它们埋起来。这样的交配在接下来的一个月要重复好几次，而每一次都需要一个新窝。交配结束后，疲劳饥饿的成年鲑鱼顺流漂到河口湾，最后返回大海，有些鱼因为太虚弱，无法完成漫漫旅程，就在小溪中度过冬天，还有一些鱼在返程的路上死去。

大西洋步鱼是一种群居鱼类，生活在从诺瓦斯克提亚到佛罗里达的大西洋沿岸的河口湾水域中。有些大西洋步鱼夏季到北边的夏沙匹克，而秋冬季迁徙到南方。春季，大西洋步鱼到海里产卵，幼鱼游到河口湾以浮游生物为食。秋季，它们已经长到17.8厘米长，就和成年步鱼一起向南部水域迁徙。如果小步鱼能够躲过水鸟和大鱼的捕杀，它们能够长到38厘米。有些步鱼的嘴里有寄生的甲壳动物，因此大西洋步鱼的别称是“虫鱼”。

大西洋鲟是一种可以追溯到7 000万前的原始鱼类。正如C－4彩图下所示，它们的身上覆盖着一排排骨质的鳞甲而不是鳞片。它们主要生活在河口湾的水底，靠它长长的嘴在泥沙中搜索甲壳动物和软体动物。

大西洋鲟鱼也是一种由海入江产卵的咸水鱼。春季，大西洋鲟游过河口湾去江河里产卵。孵出的鱼苗在食物丰富，相对安全的河口湾里成长。鲟的生育率很低，因为每2—6年，它们才产一次卵。到产卵的季节，每1条雌鲟可以产出8—370万颗卵子。这些个头很大，黏稠的卵子分散在水中，最后附着在水底，雌性长到12岁才到达生育年龄，而雄性则成熟得更早些。鲟鱼寿命很长，能活到60岁。

美洲河鲱体形较小，生命较短，是另一种由海入江产卵的咸水鱼。春季，成年鱼游进河口湾，逆流而上进入江河，这段时间美洲河鲱是不吃任何东西的。它们的孩子顺流而下进入河口湾，在这里成长。产卵后，成年鱼返回大海，在那里大多数的美洲河鲱死去了。彩条鲈鱼的繁殖方式和美洲河鲱很相似。彩条鲈鱼的身体很长。从背部往下约有7条蓝绿色的花纹，腹部呈银色。雄鱼体长可达114.3厘米，雌性体长可达182.0厘米。

美洲鳗鱼（如C－5彩图上所示）是为数不多的由河入海产卵的鱼之一。美洲鳗鱼的生命周期始于生活在巴哈马北部的

▲ 南卡罗来纳州查尔斯顿的阿什岛河口湾。
（由美国河口湾研究保护委员会和美国海洋与大气管理局提供照片）

▲ 在温带河口湾外沿的盐水湿地中，绳草是主要的食物生产者。
（由美国河口湾研究保护委员会和美国国家海洋与大气管理局提供照片）

▲ 生活在河口湾浅水中的红绿海葵。
（由美国河口湾研究保护委员会和美国国家海洋与大气管理局提供照片）

▲ 在河口湾柔软的水底经常可以见到的颠倒水母。
（由美国河口湾研究保护委员会和美国国家海洋与大气管理局提供照片）

▲ 沼泽荔枝螺爬在盐水湿地的草茎上。
（由 Mary Hollinger、美国国家海洋与大气管理局环境数据中心生物学家、美国国家海洋与大气管理局提供照片）

▲ 北方帘蛤是喜欢生活在泥沙底层的双壳类动物。
（由美国河口湾研究保护委员会和美国国家海洋与大气管理局提供照片）

▲ 这只普通牡蛎附着在河口湾的水底。
（由美国河口湾研究保护委员会和美国国家海洋与大气管理局提供照片）

▲ 大西洋鲟捕食从河口湾底挖出来的猎物。
（由美国鱼类及野生动物委员会提供照片）

▲ 美洲鳗在淡水或淡水附近出生，交配季节游到大海。
（由美国鱼类及野生动物委员会提供照片）

▲ 菱纹背泥龟在沙滩的浅坑里产卵。
（由海岸委员会和美国国家海洋与大气管理局提供照片）

▲ 蠵龟又名铁球棒龟，以它的大头而得名。
（由美国河口湾研究保护委员会和美国国家海洋与大气管理局提供照片）

▲ 大白鹭在河口湾附近进食、筑巢。
（由美国鱼类及野生动物委员会提供照片）

▲ 褐色鹈鹕扎进水里，用能扩张的喙兜住鱼。
（由美国鱼类及野生动物委员会提供照片）

▲ 黑色撇水鸟的下颌突出，能在掠过水面时搜掠水面的猎物。
（由美国鱼类及野生动物委员会提供照片）

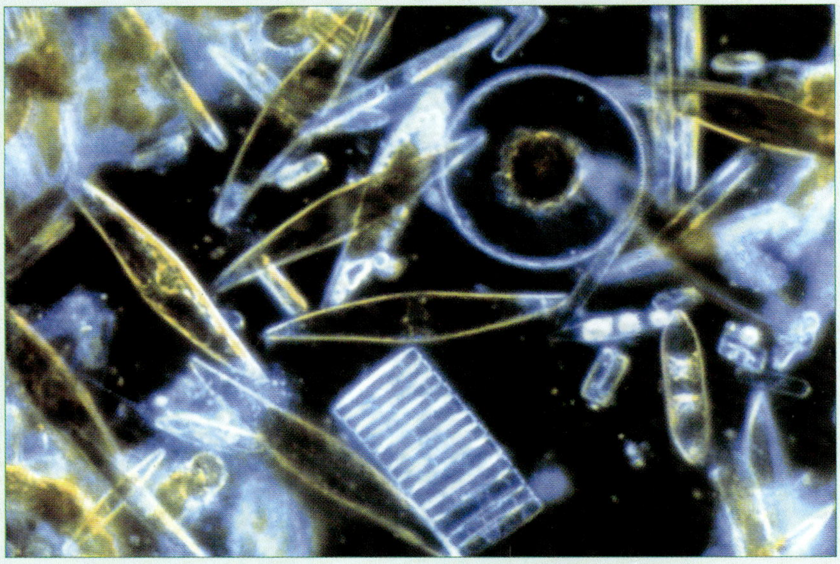

▲ 硅藻，是一种形状各异的微生物，是盐水湿地中主要的食物生产者。
（由 Neil Sullivan 博士、南加利福尼亚大学和美国国家海洋与大气管理局提供照片）

▲ 菱纹背泥龟，像图中这只为成年雌性，仅生活在河口湾。
（由 Mary Hollinger、美国国家海洋与大气管理局环境数据中心生物学家、美国国家海洋与大气管理局提供照片）

萨加索海中，正在浮游生物中漂浮的身长5厘米的幼虫。经过1年的生长，年轻的鳗鱼游到海滨水域，这时的它已经进入了下一个阶段：透明玻璃鳗。秋季，玻璃鳗迁徙到河口湾进食，这时它的身体有了颜色。一旦背部变成黄绿色，腹部变成白色，它就被称做“小鳗鲡”。这个阶段是它的一生中最长的一个阶段，大约5—20年，身体呈黄色，生活在淡水或淡盐水的水域中。雌鱼能长到1.5米，而雄鱼则稍短一些。

当繁殖期到来时，成年鳗鱼的生理和行为都会发生很大的变化。进食停止了，眼睛和胸鳍变大。背部表面的颜色变灰，腹部呈白色，体侧呈银色。变形后的鳗鱼游回到萨加索海，开始新一轮的生命周期。

另一种由河入海产卵的鱼是生活在温带和热带河口湾水域的鲻鱼。鲻鱼的家族庞大，有100多个品种。其中彩条鲻鱼体形较大，最长可以达到120厘米，体重可达8千克。彩条鲻鱼的背部由橄榄绿向褐色渐变，体侧呈绿或蓝色，腹部为白色。体侧从头部到尾部方向有深色的条纹。

白天，成年鲻鱼在河口湾的水底觅食。成群的鲻鱼将沉积物表层的营养一扫而光，它们滤食表面生有细菌的碎石屑、微型水藻和小甲壳动物。它们还吞食海草上的小动物、小植物和黏稠的泡沫。

鲻鱼在夏天或秋初到大海产卵。雌鱼和雄鱼将配子释放在水中，受精卵在油滴的包围下浮到水面上。48小时后，卵孵化成幼虫，游到河口湾的浅水中享受丰富的食物和植物的保护。鲻鱼长到5厘米左右，它们就会游到稍深的水域中生活。3—5年之后，它们和其他的性发育成熟的成年鱼一起游进大海产卵。

弹涂鱼、海鳟和蓝鱼

硬骨鱼中最特殊的一个种群就是生活在非洲、印度洋、印度尼西亚和澳大利亚的两栖鱼类——弹涂鱼。它们身长大约10—15.2厘米。这些鱼在河口湾的泥滩上呆的时间要比在水里的时间多得多。这种独特的鱼类用它们那已经进化成肌肉发达的前肢的胸鳍爬上岸，用它们的胸鳍配合前肢的运动在泥地上“行走”。它的尾巴有力地拍打地面，使它能够迅速地跳过危险的地带。

在水里的时候，弹涂鱼和其他的鱼一样用鳃呼吸，出水后，在鳃潮湿的情况下，它还能用鳃呼吸。因此为了保持鳃的湿润，它始终含着一口水。弹涂鱼还能通过潮湿的皮肤吸收氧气，补充所需。

最常见的弹涂鱼颜色暗淡，背部呈褐色，体侧有深色的带纹。这种弹涂鱼不仅能离开水，还能爬上红树林的树干，寻找食物。为了能在地面上长时间的觅食，又不致皮肤变干，弹涂鱼在泥地上打滚，将泥巴糊在身体上，然后用胸鳍把突出的大眼睛上的泥巴抹掉。

弹涂鱼的眼睛位于头顶而不像其他鱼类那样位于头的两侧。当它沉到水中或藏到泥下时，它的眼睛就能起到潜望镜的作用。而且两只眼睛可以同时向不同的方向转动，这就使它能够觉察到来自各个方向的敌人。弹涂鱼定期地把眼睛转回眼窝，以保持眼睛湿润。

雄性弹涂鱼在泥里挖洞时修筑烟囱似的结构，以保证地下洞穴的通气性。雄性弹涂鱼和雌性弹涂鱼在外表没有什么不同，不过在繁殖季节，雄性身体的背鳍、下巴和喉部变成鲜艳的颜色。为了向雌鱼显示漂亮的颜色，雄鱼用胸鳍做上推的动作以吸引雌鱼的注意，如果这还不足以给雌鱼留下深刻的印象，雄鱼就会跃起几英寸，伸展背鳍，然后落在泥地上。对它的这番表演有兴趣的雌鱼就会跟雄鱼回到洞里交配。卵子在体内受精后，被排在窝的低处，由母亲看守。

弹涂鱼的生活模式是非常特殊的一种，但大多数的鱼，例如海鳟，一生都是在水下度过的。在美国的东海岸，海鳟鱼生活在河口湾草床的边缘，成群结队地在水底游来游去，以虾或其他小甲壳动物为食。某些海鳟鱼喜欢生活在盐水沼泽和入海附近的泥沙河床上。

海鳟在河口湾产卵，它们的孩子在这里度过春夏秋三季。然后小鱼们离开安全的港湾游向大海。2年之内，海鳟达到性成熟期——比其他鱼类早一些。由于它们的寿命为17年或更长一些，性早熟可以使它们在一生中90%的时间里生育。海鳟的交配季节持续几个月，这几个月期间，它们每天都会产卵交配。

蓝鱼生活在从诺瓦斯克提亚到得克萨斯的大西洋沿岸的河口湾里。蓝鱼鱼群数量庞大，经常绵延几十平方英里。它主要以各种鱼类为食。蓝鱼体长约130厘米，体重约9千克。和海鳟一样，它们成熟得早，在它们12年的生命中，生育期很长。

石首鱼、海鲑鱼和鲈鱼

一种红色的石首鱼或称海峡鲈鱼在河口湾生活。它身体如铜色，尾根部有大大的黑斑，因此非常容易辨别。它全长可达1.5米。体重可达34千克。红色石首鱼的寿命很长，甚至发现过55岁的石首鱼。冬季，成年的石首鱼迁徙到南边更温暖的水域。雄性发出像敲鼓的低频的声音作为繁殖的信号。雄石首鱼1年就可以达到性成熟期，而雌鱼需要4—5年。每个交配季节，成年石首鱼要到大海里交配3—10次。雌鱼每次产卵100—300万颗。刚刚孵化出的幼鱼借助风和水流的力量来到河口湾。在接下来的8个月里，小鱼就在这里安全快乐地成长。

斑点海鲑鱼长年生活在河口湾。这种鱼身体修长，背部呈灰色，体侧呈银色并带有蓝色斑点。小鱼生活在安全的草床，以虾和甲壳动物为食。而成年鱼则在河口湾里横冲直撞，捕食虾和其他的鱼类。从科德角到墨西哥湾都能发现斑点海鲑的身影。

所有在河口湾生活的鱼类中，黑色海鲈鱼的生命周期非常奇特。一开始所有的黑色海鲈鱼都是雌性，到了成熟期，一些身形较大的就变成了雄性。成年海鲈身体呈蓝黑色，每片鳞中央都发浅蓝或白色，体长可达61厘米，寿命可达20年，天冷时它们迁徙到温暖的水域，春天又回到河口湾。

比目鱼、海马和海龙

在河口湾还生活着一些奇形怪状的鱼。比目鱼就生活在河口湾水底。成年比目鱼的两只眼睛在头的一侧，这使它能把小鱼、蠕虫和甲壳动物这样的猎物从它们的藏身之处找出来。比目鱼躺在河口湾的泥床上，身上的颜色和淤泥浑然一色，那些小动物根本看不出来。如果比目鱼从褐色泥床游到由白色的碎贝壳覆盖的地方，它身体的颜色很快就能变成和贝壳一样。实际上，比目鱼非常善于变色，曾经有研究者在水族馆的水底放上一张棋盘，结果发现比目鱼能伪装成棋盘的花纹到以假乱真的地步。

夏季比目鱼生活在河口湾，秋冬季节游到深海。和所有的比目鱼一样，夏季比目鱼身体扁平。秋冬季到深海产卵后，幼鱼游到河口湾。当它们还是幼鱼时，眼睛对称分布于头的两侧。到了幼鱼后期，它们的一只眼睛开始慢慢地移位，直到两只眼睛都长到了头部的左侧。一旦眼睛定位，年轻的比目鱼就会和其他成年比目鱼一起在海底安家，右侧朝下，躺在水底。雄比目鱼1年之后到达成熟期，雌鱼需要2年，秋季是它们的交配期。成年鱼体重最重可达11.8千克，不过平均体重为2.7千克，平均身长为8.6厘米。

冬季比目鱼和夏季比目鱼生活方式很相似，但不同的是，它们的眼睛和嘴移到了头部的右侧。而星状比目鱼的眼睛有些长在右侧，有些长在左侧。在加利福尼亚，50%的星状比目鱼的眼睛长在右侧，还有50%长在左侧。在温带和热带河口湾地区生活着32种海马。海马喜欢温暖的浅水环境，还喜欢海草丛生和红树林盘根交错的区域。它们因头部像马而得名，是非常特殊的鱼。海马身体表面没有鳞，皮肤上覆盖着骨棱。与其他鱼不同，海马在水中直立前进。耳朵状的胸鳍控制方向，背鳍推动它们向前。海马灵活的尾巴能缠绕在植物身上，以保持身体静止不动。海马细长的嘴巴更像吸管，吸食漂浮在水中的食物碎屑。

在繁殖的季节，雌海马将200多个卵排到雄海马腹部的育儿袋里。卵附着在育儿袋里海绵状的内壁上，与父亲的精子相结合。2—6周后，小海马被孵了出来，不是所有的孩子同时一起出来，而是一共需要2天的时间，所有孵出的小海马才能全部从爸爸的育儿袋中游出来。刚刚出生的小海马没有父母的保护，很容易成为捕食者的盘中餐。

海马有一位近亲，身体呈圆柱形，它就是海龙。海龙的头和海马很像，但身体更像长约20.3—30.5厘米的铅笔。海龙没有腹鳍，它们用背鳍游泳，它们的胸鳍和海马一样，长得靠近头部，形状如耳。海龙躺在河口湾水底，黑色的身体和周围的环境浑然一色，令人不容易分辨。有时它们游到大叶藻的丛中，就变成了水藻的颜色。海龙身体表面有保护性的鳞甲，雄性海龙也有大大的育儿袋。

牡蛎蟾鱼和普通蟾鱼

海龙和海马都属于小巧精致的动物，而牡蛎蟾鱼则经常被生物学家描述成又大又丑陋的鱼类，牡蛎蟾鱼体长30.5厘米，呈褐色，硕大的嘴里满是粗钝的牙齿。向外凸起的大眼睛，短小的嘴巴，下巴周围的须子，锋利的鳃盖以及脸上的刺状突起使它看起来怪里怪气的。此外，它无鳞的皮肤上覆盖着一层黏液。

牡蛎蟾鱼长年居住在美国东海岸的河口湾里，藏在淤泥下面，等待伏击猎物。牡蛎蟾鱼从不挑食，它什么都吃。软体动物、甲壳动物、鱿鱼和鱼类都是它的美食。

在繁殖的季节，雄鱼发出一阵呼噜声。实际上，当遇到外敌袭击时，不论是雄鱼还是雌鱼都会发出这种声音。产卵从春天开始，中秋结束，历时几个月。雄鱼找到一个“巢穴”，雌鱼游进来，排出大大的黏性的卵。卵受精后，雄鱼在“巢穴”站岗放哨一个月左右，它的“领地”不容侵犯。当幼鱼成熟后，它们也在附近生活，从不远离它们的父母。因此，牡蛎蟾鱼家族的活动范围始终没有扩大多少。

和牡蛎蟾鱼没有任何亲戚关系，但名字相近的普通蟾鱼，或称河豚，是生活在澳洲河口湾的一种鱼。它身体发白，背部和体侧有斑点。腹部也有褐色斑点，小嘴里的牙齿形成了一个如鸟嘴般的结构，使它能轻易地嚼碎蟹壳。

普通蟾鱼有时成群结队地游泳，也有时整天埋在沙子里，只露出两只眼睛在外面。退潮后，一些蟾鱼有意留在泥滩上捕食那里的螃蟹。为了保持身体的潮湿，它们在泥里挖了一些浅浅的巢穴，等待它们的猎物出现。等潮水回来，蟾鱼就乘着潮水返回河口湾。

普通蟾鱼和家庭里的其他成员有很多相同的特点。它们的身体呈粗钝的棒形，没有腹鳍，在水中行动缓慢。为保护自己不受敌人的侵袭，它们吞食大量的水并存在胃里可伸展的那部分空间里以使身体突然变大。膨胀的蟾鱼看起来更大更凶悍，可以吓走一些敌人。而且一条胀鼓鼓的鱼对捕食者来说也难以下咽。

蟾鱼最好的防身武器应该是它组织里含有的致命的毒素。这种毒素大都集中在肝和卵中，在皮肤和其他组织中也有少量的沉积。这种毒素能干扰神经对肌肉的指令。因此，它能够减缓，甚至停止心脏和呼吸系统肌肉的运动。吃了这种毒素，人马上就会感到头晕，身体动作不协调。紧接着，就会出汗，感觉虚弱。然后就有血压下降，手指脚趾尖感觉麻木等症状。最后导致瘫痪，痉挛甚至死亡。

结 语

鱼类是河口湾系统中最常见的脊椎动物。尽管所有的鱼都已经适应了水中的生活，但不同种类的鱼进食方式各不相同。河口湾里的鱼生命周期也不一样，因此有些鱼暂时住在这里，还有些鱼长年安家在此。

鲨鱼和鳐鱼是原始鱼类，骨骼由软骨构成。鳐鱼是身体扁平的水底捕食者，鲨鱼的身体呈鱼雷形。在河口湾，人们会发现包括豹纹鲨和锤头鲨在内的好几种鲨鱼。像大多数鲨鱼一样，这些鲨鱼也是积极的猎食者，它们有时单枪匹马，有时群起攻之。

硬骨鱼是至今为止河口湾鱼群中数量最多的大家族。其中由江河入海产卵的鱼类包括美洲河鲱、大西洋步鱼、几种鲑鱼、彩条鲈鱼和大西洋鲟。它们大多游到河口湾江河入海处产卵，孵出的孩子游到或漂到河口湾，在那里享受丰富的食物和茂密的植物给它们带来的天然保护。成年后，它们游回大海。而那些大多数时间生活在淡水，为产卵游到大海的鱼类包括美洲鳗和鲻鱼。美洲鲟的生命周期复杂，一生经历好几个发育阶段。

河口湾还生活着一些奇特的鱼类。例如：弹涂鱼是热带的小鱼，它生活在陆地上的时间比在水里的时间还要长。像它的很多亲戚一样，它能保持鳃湿润，呼吸氧气。为了从水中上来和在泥滩上爬行，它们的鳍进化成了肌肉发达的前肢。

比目鱼是形状怪异的一种鱼。它们静静地躺在水底，待猎物游近。由于它们终生在水底活动，它们的身体呈扁平状，两只眼睛和嘴巴都在头的一侧。这种器官排列使比目鱼省去了必须抬头观察四周环境的麻烦，可以保证它在捕食过程中不失有利位置。此外，比目鱼还能根据环境的不同变换体色。

鲈鱼、鲑鱼和海鳟以及很多其他鱼类都在河口湾生活，它们都能适应这里不同的盐浓度。这里丰富的食物储备和相对安全的环境使它们不愿离开。对于大多数有经济价值的鱼类，甚至那些没有经济价值的鱼类来说，河口湾在它们的成长过程中起到了不可替代的作用。

六 爬行动物、鸟类和哺乳动物

——盐水湿地中用肺呼吸的动物

尽管河口湾中的鱼类是数量最多的脊椎动物，但在这个生态系统中同样也生活着很多其他种类的脊椎动物。爬行动物、鸟类和哺乳动物在河口湾食物链中同样扮演着非常重要的角色。此外，不计其数的陆生和淡水脊椎动物也与河口湾有着千丝万缕的联系。如果把它们一一都列出来，数量惊人。不过本章主要探讨河口湾中最常见的以及只在河口湾生活的脊椎动物。

能长年生活在河口湾这种淡盐水环境中的爬行动物非常少，而咸水鳄鱼和菱纹背泥龟就是它们中的两位。咸水鳄鱼或印度—太平洋鳄鱼在热带的亚洲和太平洋地区的微咸水的环境中生活。它们的寿命从70—100年不等，体长可达2.9—3.4米。

为了适应海洋环境，咸水鳄鱼的身体结构产生了一些特殊进化。例如：它的鼻孔和耳鼓有了保护性的盖和鳞片以防潜水时进水。透明的眼皮在潜水和水下搏斗时既能保护眼睛又能使鳄鱼看见一切。为了适应盐浓度，在河口湾生活的鳄鱼的舌头上有一个排盐的腺体。

作为一个伺机而动的捕食者，咸水鳄鱼的食谱根据它的成熟程度和它特定的位置而不同。小鳄鱼一般捕食像虾、蟹这样的小型甲壳动物和一些虫子。进入青少年时期，它们开始猎食包括鱼、蛇和鸟在内的脊椎动物。成年鳄鱼则卧在水中等待捕杀大型的海洋动物，例如海龟和鲨鱼，它们也猎食那些在水边活动的哺乳动物。有时成年鳄鱼也袭击家畜和人类。它们猎杀的方法包括将猎物淹死或者猛烈地来回摇晃猎物的头使其骨头断裂。猎物死后，鳄鱼将其完整地吞下。

大多数咸水鳄鱼在11月至来年3月间繁殖。雌鳄鱼用泥巴垒出一个大大的土堆，搜集一些枝叶，然后生下40—60颗坚

海洋爬行动物的身体构造

生活在海洋环境里的爬行动物很少见。事实上，在已知的6 000种爬行动物中，仅仅只有1%（约60种）住在海里。这些类群包括蜥蜴类、鳄鱼类、龟类和蛇类。每一类都和所有已知的爬行动物有着许多相同的解剖学结构：冷血、呼吸空气、有鳞片以及通过体内受精繁殖等等。然而，为了能够在海水中生活，这些海洋爬行动物也进化出一些特殊的适应性，陆地爬行动物没有这些适应性。

对龟来说，壳是它最独特的标志。轻质的流线形外壳构成了对内部重要器官的保护层。龟的肋骨与脊椎骨牢牢地连接着壳的内表面。壳的上半部分（即背甲）由粗糙坚硬的小块拼成，连接着下半部分的胸甲。海龟的腿可以从保护性的壳里面伸出来，它们的腿通过进化，变成了像短船桨般的样子，用来划水推动身体迅速前进，速度可达到每小时56千米。就是这些腿，在陆地上却使它们显得十分笨重，行动缓慢、笨拙不堪。

绝大多数呼吸空气的脊椎动物不能直接饮用咸水。因为那样会造成脱水，还会对肾脏造成伤害。海水里含有的氯化钠和其他盐类的浓度，比血液和体液中的要高出3倍。许多海洋爬行动物能够饮用海水，那是因为它们

硬的蛋。接下来的三周，它坚守着这些蛋。当小鳄鱼发育成熟了，它们就用嘴上的蛋牙敲破蛋壳，破壳而出。妈妈温柔地将它们含在嘴里，带到水中。

海　龟

菱纹背泥龟是生活在河口湾微咸水环境中的半水生爬行动物。它们在春夏秋三季出来活动，冬季在泥里冬眠，主要以蛤蜊、蟹、蜗牛和一些沼泽植物为食。菱纹背泥龟的腿和脚与陆生龟类似，只不过后腿更大更有力。这使它们在汹涌的潮水中能轻松自如地游泳。

雌性菱纹背泥龟（如C－8彩图下所示），能长到19厘米，雄龟通常小些。不论是雄性还是雌性，它们的壳都是浅灰褐色或黑色，边缘呈黄色，壳上刻有菱形的图案。它们的皮肤发白上面有黑色斑点。雌性在8—13岁之间是生育高峰期。菱纹背泥龟在春季交配。精子储存在雌龟体内直到排卵时精卵结合。产卵时，雌龟离开河口湾，爬到沙滩或沙丘为它的蛋挖一个深约15.2厘米的坑（如C－5彩图下所示）。60—120天后，小

的体内有一种特殊的腺体（盐腺）来排出过多的盐分。为了减少体液中的盐分，这些腺体可以排出比海水浓2倍的高盐溶液。盐腺的工作效率很高，它处理、排泄盐分的速率比肾脏快10倍。盐腺一般位于头部，通常长在靠近眼睛的地方。

大约有50种海蛇栖息在海洋里。潜水时，海蛇可以通过关闭鼻膜和嘴巴周围的鳞片，将海水排斥在体外。它们平展的尾巴就像一把小船桨，轻松推动身体前进。海蛇的肺是一个拉长的强健的气囊，可以贮备氧气。此外，海蛇还可以通过皮肤摄入氧气。这些对海洋环境的适应性，使海蛇可在水下呆上30分钟到两个小时。当然，这种本领也要付出相应的代价。由于海蛇通常需要游到水面上呼吸，所以它们要比陆地上生活的蛇类消耗更多的能量，新陈代谢的速度也更快。为了平衡它们高能量的消耗，海蛇需要比陆地上的蛇类摄入更多的食物。

鳄鱼，通常生活于淡水环境，但也有一些种属生活在半咸水和咸水中。这些生活在咸水里的鳄鱼也进化出了能分泌盐分的盐腺。它们尾巴平展，便于游泳，脚趾间生有蹼。咸水中生活的鳄鱼的喉咙后面，生有一个保护性的瓣膜，它们在水下张口进食时，这个结构可以防止海水灌进肺里。

龟出壳，爬向大海。

与菱纹背泥龟不同的是，海龟是长期生活在海中的爬行动物，海龟的肢体已经进化成强壮的游泳肢。和其他爬行动物一样，海龟也是用肺呼吸的，因此活动期间，它经常每隔几分钟游到水面上呼吸空气，当它在水下洞穴或暗礁休息时，它最多可以在水下呆2.5小时。

从卵中破壳而出后，小海龟游进大海生活几年。然后它们离开海洋，游进海滩和河口湾这样的浅水环境里。它们大多在春夏两季游到河口湾，因为这时的河口湾食物非常丰富，有茂盛的水藻和水草，还有很多无脊椎动物。经常在河口湾出现的海龟有绿海龟、蠵龟、大西洋玳瑁海龟、肯氏龟和棱龟。

绿海龟的体长可达0.76—1.1米，体重大约90.7—181.4千克。和其他海龟相比，绿海龟头部较小。它的背甲顶部呈深浅不一的深褐色，下面呈奶白色。

绿海龟的寿命大约为80年，它们成熟较慢，直到25岁它们才能达到性成熟。每隔2—3年，成年龟都要离开热带水域，游上600英里甚至更远，回到它们出生的海边在那里交配产卵。在三四月间，海龟们在海中交配，雌龟爬到岸上产卵。雌龟选择一个潮水线以上的地方用后肢为它的卵挖一个窝。窝挖好了之后，雌龟生下100—200个卵，然后用沙子埋好，返回大海。60天后，小海龟孵出来了。一出壳，它们就奔向大海。它们在海中以水母和其他无脊椎动物为食。生活几年后，就回到河口湾或其他浅水区域。

蠵龟又名铁球棒龟（如C－6彩图上所示），因它的大头而得名，它的头直径大约有25.4厘米。它的体长可达1米，体重可达182千克。它的壳呈心形，颜色为红褐色。这种龟生活在大西洋，足迹遍布阿根廷，纽芬兰，墨西哥海湾，加勒比海和地中海。

海龟中体形最大的品种之一就是棱龟。与其他海龟不同的是棱龟的壳不是骨质的，而是皮质的。棱龟的体长可达到2米，体重可达680千克。

两种体形稍小的海龟是大西洋玳瑁龟和肯氏龟。成年大西洋玳瑁龟的甲壳（如图6.1所示）呈橙色、褐色和黄色，而幼

图6.1 玳瑁海龟有时到河口湾去觅食。（由佛罗里达珊瑚礁国家海洋保护区和美国国家海洋与大气管理局提供图片）

龟则呈褐色带有白色斑点。肯氏龟的甲壳脊部为橄榄绿，腹部为浅绿色。

河口湾的鸟类

河口湾是大批鸟类的家园，避难所或中转站。很多鸟长年居住在河口湾，在这里筑巢安家，例如，麻雀、白鹭和鸬鹚。还有一些鸟偶尔来河口湾，要么筑巢，要么在漫漫的迁徙之旅期间暂时在这里休息。

河口湾能够养活数量如此众多的鸟类是因为每一种鸟类的食物比较固定。因此不同种类的鸟儿能共享这里的食物资源又不存在直接的竞争。从鸟类的喙、脚和腿就能看出鸟对食物的特殊需求。它们的喙有专门嗑坚果的，有在水中滤食水藻的，有探寻蠕虫的，还有挖贝壳的。而它们的腿和脚也因猎食的需要进化成能游泳的、跑的，走的或能潜水的，尽管每一片河口湾中生活的鸟类不同，但在微咸水的环境中最常见的鸟类通常包括下列这些，苍鹭和白鹭；天鹅、鹅和鸭；鹮和篦鹭；鹈鹕；长脚鹬和反嘴鹬；鸥、鸻、蛎鹬、鸬鹚、鱼鹰、秧鸡、矶鹞和撇水鸟等。

苍鹭个子高挑，有着细长的脖子、腿和喙，它的身高大约0.91米，翅展为1.8米。在浅水行走时，仪态高贵。苍鹭飞行时由于身体太长，它们必须缩回脖子，低头，同时腿垂在身后。

苍鹭在浅水捕食猎物时，高挑的身材显示了优势。它们可以一动不动地站很长时间等待伏击鱼儿或螃蟹。或者它们也能在水里来回地走把水搅浑，将小动物冲出来。捕食时，苍鹭将脖子弯成S形，然后突然伸直刺中食物。

和很多种鸟一样，苍鹭也遵循一套求爱仪式，有时是非常壮观的。在交配季节里有些品种的苍鹭的头上、胸部和背部长出花边般漂亮的羽毛。还有些品种的腿、喙、眼睛和眼先（眼与喙之间的小块皮肤）的颜色会加深。它们的交配是一夫一妻制的，雌鸟和雄鸟会呆在巢边，轮流孵蛋。大多数苍鹭都会在大片喧闹的苍鹭的巢群中筑巢。

大蓝苍鹭是最大的美洲品种。成年苍鹭羽毛蓝灰，头部为白色，喙呈黄色，在眼后到头后部有一条黑色条纹，大白鹭（如C－6彩图所示）和苍鹭是近亲。这些样子威严的白鸟生活在

海鸟的身体构造

鸟类是温血的脊椎动物，它们有羽毛，保护热量不至于散失，也保护自己的身体。对大多数种类的鸟来说，羽毛也是飞翔的重要工具。一般来说，鸟类要花大量的时间和精力用嘴巴不断地梳理羽毛。在梳理时，它们用一种由尾巴附近的腺体分泌出的油脂擦拭自己的脚、羽毛和嘴巴，以确保羽毛不沾水。

鸟类有着坚硬而重量很轻的骨骼，十分适合于飞翔。许多骨骼都很坚固，形成一副适于飞翔的稳固骨架。尽管鸟的味觉和嗅觉不太敏感，但它们的视觉和听觉却是超强的。鸟的体温相对高一些，新陈代谢的速度也快。它们的心脏有4个心室，确保能够有效地将血液传送到全身。

像海洋爬行动物一样，海鸟也有可以将过多盐分排出体外的盐腺。海鸟的这些盐腺的结构与功能虽相同，但盐腺的位置却因海鸟种类的不同而各有差异。绝大多数海鸟的盐腺生在鼻孔附近，盐分在那里富集后通过鼻孔缓缓流出来。

严格的讲，“海鸟”的叫法并不科学，但还是用这个词来描述生活方式与海洋密切相关的很多种类的鸟类。一些海鸟的活动范围从不超过岸边的破浪带，并不进入广阔的海洋。许多海鸟都有着形状特别的喙（嘴巴）、腿和足，大大增加了它们的适应能力。像钳子一样的短嘴巴能探测泥沙表层附近的小动物，而细长的嘴巴则能够够到深处洞穴中的动物。图6.2展示了几种不同类型海鸟的喙。为了能在湿地上行走，许多海鸟都有着叶片状的足，而那些行走在稀泥滩上或浅水里的海鸟则有着长长的腿和宽大的脚趾。

另一些海鸟具有能呆在水里的特殊的适应性，是游泳和潜水高手。这些适应性包括：宽大的身体，以使它们在水下保持平衡；厚厚的脂肪层以提供浮力；全身浓密的羽毛以御寒保暖。会游泳的海鸟的双腿一般位于身体的后面，靠近尾部，以便容易运动，且脚趾间都长着脚蹼。

所有的海鸟都必须来到海滨繁殖，产下它们的蛋。繁殖地从石质岩礁到沙质海滩不等。90%以上的海鸟都是群居的，它们需要群体生活的激发作用才能完成繁殖过程。不同种类的海鸟孵化期长短不同，但这里有一条一般性的规律：孵化期的长短与蛋的大小有关，个儿大的蛋要比个儿小的蛋孵化期长。

美国的东西海岸，墨西哥附近，以及中美洲和南美洲。

鹮、篦鹭和它们的家族成员属于长腿涉水鸟，它们都有细长的腿和部分长蹼的脚。狭长向下弯的喙，非常适合用来捕食像甲壳动物、蠕虫和鱼这样的小动物，白鹮生活在美国南部到南美洲北部地区。它全身羽毛雪白，脸呈红色，喙和腿也呈红色，翅膀的末梢呈黑色。光鹮体形稍小，一身闪耀着彩虹般绿色和紫色的深色羽毛，喙和腿都为绿色。粉色的玫瑰篦鹭和鹮很多地方都非常相似，只是它长了一张非常与众不同的抹刀似的喙，因此

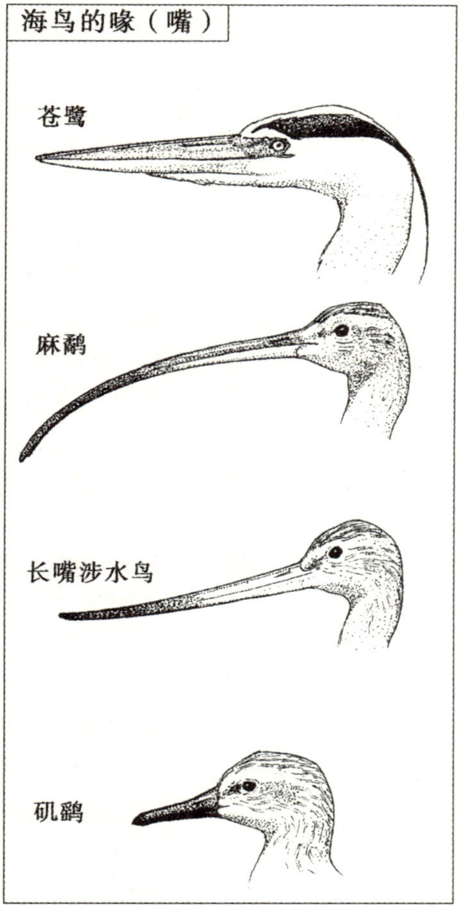

图 6.2 各种鸟的喙，适应于不同的捕食方式。

在水中散步时，它只需将它的喙在水中轻轻一摆，就能找到它想吃的甲壳动物、鱼和蠕虫。

鹈鹕是非常容易识别的，因为它们有很特别的袋状的喙。它们大大的喙里能含着猎物，例如鱼或鱿鱼，还能含好几加仑的水。褐色鹈鹕（如C－7彩图上所示）是非常具有代表性的一个品种。它身高大约为104厘米，翅展为228.6厘米，身体羽毛为灰褐色，头部羽毛为白色。

鹈鹕贴着河口湾的水面飞行，寻找鱼的影子。一旦发现目标，鹈鹕大头朝下，一个猛子扎进去9.1—18.3米。这样一个高度产生的冲击力对其他任何的鸟类都是致命的，但鹈鹕的皮下有气囊可以缓解这样的冲击，当它打开嘴捕食时，喙下松弛的皮肤展开形成一个容积可达9.5到11.3升食物的大勺子。鹈鹕先把喙里的水漏出去，然后一仰脖，将猎物吞下。

长脚鹬和反嘴鹬的脖子细长，羽毛为黑白两色，仪态优雅，长脚鹬的腿是红色的，反嘴鹬的腿呈蓝色，它们的腿都非常适合在浅水中行走。两者在捕食时，都将喙伸进水中寻找小动物。反嘴鹬的喙向上翻，长脚鹬的喙是直的。

黑翼长脚鹬生活在世界各地的河口湾的浅水中。它们平时都在泥地上散步，觅食，不过必要的时候它们也会游泳和潜水。在繁殖的季节里，雄鸟都会上演一套复杂的求爱仪式，这其中包括啄地，梳理羽毛，围着雌鸟绕圈以及向“她”身上拍水。一旦夫妻关系确立，生下了蛋，它们就开始为如何在热天里保持蛋的凉爽而奔忙。它们把腹部的羽毛浸透水，再回到巢里为蛋降温。在最热的天气，雄鸟和雌鸟要来回取水100多次。一旦有敌人来犯，黑翼长脚鹬就会使出它的全部看家本领，分散敌人的注意力，例如假装受伤和修筑假巢等等。

鸥是人们在河口湾最常见、最熟知的一

种海鸟，环喙鸥在北美地区非常普通。它们将巢筑在多草沼泽的地面上，以小鱼、蠕虫、无脊椎动物以及像鼠那样的小哺乳动物为食。在微盐水湿地上，还有一种鸥的叫声像笑一样“哈—哈—哈—哈—哈”，它就是笑鸥。成年笑欧可以长到大约43厘米，头为黑色，喙呈红色。和所有的鸥一样，笑鸥也有用来飞行的狭长的翅膀和用来游泳的带蹼的脚。鸥属群居类，常常上百只群居在一起，而交配的鸥就在群居地的草丛中筑巢。

撇水鸟、剪嘴鸟和鸥类是近亲。它们体形较小，体长仅为50厘米，它们最突出的特点，一是和猫眼相似的眼睛虹膜上的纵裂；二是它们突出的下颌。就像C－7彩图下所示的黑色撇水鸟那样，这种鸟紧贴着水面飞行，嘴巴张开，用下颌在水面上撇水，以捕食在水面游泳的猎物。

鸻是一种看起来很像矶鹞的小鸟，生活在北半球。鸻的羽毛呈沙色，额头有一条黑道，颈根部有一黑环点缀，和它暗淡的羽毛相比，它那橘黄色的腿格外醒目。与其他涉水鸟不同，鸻个头矮小。它们特别擅长在水边走走停停觅食。当海浪从岸边退下去的时候，鸻就跟在波浪的后面，密切注意泥下是否有小动物的迹象。

美洲蛎鹬的大小与鸥差不多，有黑白两色的羽毛，粉色的腿和橙色的喙。每一年的繁殖季节来临时，实行夫妻终身制的雌雄蛎鹬在地上筑巢。雌鸟在巢里生2—4个灰色的蛋。35天后，小蛎鹬就能飞并自己觅食了。蛎鹬主要以潮际区的双壳动物为食。不像很多鸟那样整个吞咽食物，蛎鹬用喙撬开软体动物的贝壳，吃里面的肉，为了去掉粘在食物表面的泥沙，蛎鹬在咽下食物之前还要先在水中涮一涮。

鸬鹚（如图6.3所示）的体形较大，成年鸟多为黑色。它们的喙细长，末端呈钩状。某些品种的鸬鹚的咽部有小片鲜艳的橘黄色羽毛。它们带蹼的脚和强壮的腿，使得它们可以潜到水下捕食鱼类和无脊椎动物，有时它们可以潜到水下18.3米深。出水后鸬鹚坐在阳光下将翅膀展开晒干。由于它们没有油腺，羽毛不能防水，因此每天晾晒它们的翅膀成为一项重要的日常工作。捕食的鸬鹚将猎物装在嘴里带到水面上，然后将猎物调个个儿，尾巴朝外，头朝内（这样吞咽猎物时不会被它的刺刮伤喉咙），最后再咽下去。每天鸬鹚都会吐出成团的未消化的鱼鳞和鱼骨。与很多河口湾鸟类一样，鸬鹚也是群居型动

图 6.3 出水后，鸬鹚张开双翅，晒干羽毛。（由Mary Hollinger、美国国家海洋与大气管理局环境数据中心生物学家和美国国家海洋与大气管理局提供图片）

物，它们的巢筑在树顶。

鱼鹰，样子像鹰，能在距水面30米以上的高空盘旋，寻找食物。它们的体长可达53.3—60.9厘米，翅展可达1.2—1.8米。它的翅膀及背部为褐色，胸部和腿为白色。成年鱼鹰也实行夫妻终身制，它们的巢筑在岸上，在那里养育孩子。

秧鸡的大小和鸡差不多，长年居住在盐水沼泽里。体长大约有41厘米，这种长喙鸟的羽毛呈灰褐色，侧翼有黑白条花纹。雌秧鸡在沼泽草编成的浅巢里生下9—12颗浅黄色的蛋。一旦巢需要伪装，雌雄秧鸡就在巢上加一层草棍草叶之类的把它盖上。脚步轻盈的铃舌秧鸡居住在河口湾，但它行为诡秘，难得一见。不过它的叫声却是非常好识别，是那种一连串连续10声以上的“咳、咳、咳”的声音。

天鹅、鹅和鸭子是迁徙型的水禽，它们三者之间有很多相同之处。它们的腿短，脚带蹼，很适合游泳，它们飞行时不间断地用力拍打翅膀，脖子向前伸。很多天鹅、鹅和鸭子有时住在河口湾，是因为河口湾正好处在它们迁徙的路上，是它们冬季栖息地之一。

很多在北美洲太平洋海岸生活的鸭子、鹅和天鹅沿着太平洋飞行线迁徙。途中的圣弗朗西斯科海湾的河口湾是其中一个重要的停靠站。比起淡水北美洲，野鸭更喜欢微咸的河口湾里的水。雄性美洲野鸭的头和眼睛为红色，身体呈白色，胸部和尾巴呈黑色。雌鸭与雄鸭相似，不过颜色淡一些。

哺乳动物

对很多海洋哺乳动物来说，河口湾非常重要。河口湾里的海洋哺乳动物包括鲸、海豚、海豹和海獭。它们大都是偶尔来河口湾小住，大部分的时间都住在海洋的其他地方。夏季哺乳动物来到河口湾，因为那时这里的食物最丰盛，水温也温暖适宜。河口湾提供了安全的繁殖的场所，而且还是漫长的迁徙途中休息和补充给养的理想地方。

海豚和鲸有很多相似的地方，同属鲸目动物。由于是从陆地动物进化而来，因此它们的身上有很多陆地哺乳动物的特点。不过鲸目动物已经进化得非常适应水环境了，它们的前肢进化成了鳍状肢，后肢已经不见了，而骨骼结构中还有退化的骨头。

根据进食方式，鲸目动物被分为两大科：须鲸和齿鲸，须鲸巨大的嘴里没有牙齿，只有一排排鲸须。鲸须就好像是巨大的梳子，使须鲸能从水中滤食微生物。而齿鲸，顾名思义，有牙齿，能吃肉，例如海豚就属于齿鲸。

鲸目动物之间靠在人类听力范围之内的一种低频的声音进行交流。不同品种的鲸目动物发出的声音也不同，不过都会有咔哒嗒声和口哨声。此外它们的交流信号还包括嘴巴开合的声音、拍打鳍的声音以及跳水的声音。

酒糟鼻海豚（如图6.4所示）集中出现在河口湾。酒糟鼻海豚的体形较小，是美国东海岸最常见也是数量最多的海豚品种。雄性的体长可达3.8米不过大多数比这要小。尽管河口湾中酒糟鼻海豚的数量众多，但它们并不是那里唯一的海豚家族成员，白嘴海豚和白侧海豚也有时光临这片温暖微咸的水域。

酒糟鼻海豚是群居动物，有的是三五成群，也有的是上百条海豚一同生活。它们的幼仔一年四季都可以出生，不过在温暖的季节出生的幼仔占大多数。酒糟鼻海豚的妊娠期大约为1年，育儿期还需要1年。它们的平均寿命为45年。

图6.4 酒糟鼻海豚是河口湾的居民。
（由 Getty Images 提供图片）

有几种鲸在河口湾消暑度夏。地理位置的不同，来到河口湾的鲸的品种以及它们停留的时间也会相应不同。例如，从六月到十月份，圣劳伦斯河的河口湾会招待很多客人，有白海豚鲸、蓝鲸、飞翅鲸、长须鲸、座头鲸和抹香鲸。

白海豚鲸很容易被认出来，因为它全身雪白。春季，它们在迁徙到河口湾之前繁殖后代。白海豚鲸在河口湾度过整个夏季。它们在这里生仔，享受鱼儿和贝类组成的盛宴。它们的怀孕期一共14个月，幼仔在八月出生，因此它们要在妈妈体内度过两个春天。当秋天来临，所有的白海豚鲸都迁徙北冰洋去。

白海豚鲸是群居动物，它们的群体结合十分紧密。在河口湾聚集起来动物数量非常庞大，数以千计。为了互相沟通，这些哺乳动物互相用各种哨声和尖叫声来传达意思，这些声音是从白海豚鲸头部膨胀突出的区域发出的。

座头鲸是体长可达16.2米的庞然大物。从冰岛到西印度洋，到墨西哥湾的大西洋沿岸的河口湾，以及从白令海到南墨西哥南部的河口湾都可以发现座头鲸的踪影。座头鲸的鳍状肢要比其他鲸的长，有时甚至能达到鲸身长度的1/3。它的上颌

海洋哺乳动物的身体构造

哺乳动物是长有毛发、呼吸空气的温血脊椎动物。所有的雌性哺乳动物都生有能产生乳汁哺养后代的乳腺。哺乳动物还有着能将空气压入肺泡中的隔膜和4个心室的心脏——以使血液循环高效地进行。哺乳动物牙齿的大小、形状是高度特化的，有着特殊的用途。

海洋哺乳动物可依次分为四个类型：完全生活在海洋里的鲸类、食素的海牛类、生有脚蹼的鳍足类及海獭。这四类哺乳动物与陆地上的哺乳动物都有着相同的特征，只是一些特殊的适应性使得它们能够在带水的环境里生存。

鲸类包括鲸鱼、海豚和鼠海豚。它们都有着流线形的外表、平展的尾巴和船桨状的鳍肢，这使得它们在水里行动迅速。皮下的脂肪层保护它们的身体与外界隔离，并且贮藏了大量的能量。它们的鼻子（喷水孔）位于头顶之上，以便它们一浮上水面就能自由地呼吸到新鲜空气。

海牛和儒艮是海牛目仅有的两类哺乳动物，分别属于海牛目和儒艮目。这些温顺、动作缓慢的素食者们没有背鳍或后肢，但它们装配有可通过肘部向前挪动的前肢和一条平展的尾巴。在水中，它们强有力的尾巴推动它们的身体前进，同时前肢像船桨一样掌控着前进的方向。

鳍足类包括海豹、海狮和海象。它们是生有蹼足的肉食性动物。虽在陆地上笨拙，但在水里却是行动敏捷、带攻击性的捕食者。这类海洋哺乳动物通过毛发和皮下的脂肪层保暖。在潜水到深处，它们会限制血液流入重要器官，且降低自己心跳的频率，使得每分钟只跳动数次，以减少氧气的消耗量。在繁殖期里，所有的鳍足类都从水里出来，来到陆地或者冰块上繁殖。

海獭几乎所有的时间都呆在水里，除了暴风雨到来时，它们才来到海滨。与其他海洋哺乳动物相比，海獭的个头小得多了。虽然它们水下工夫好，但在陆地上依然笨拙。它们的后脚呈鳍状，带有完整的蹼，比前脚大。它们可以在体内处理掉来自海水的盐分，通过扩大的肾脏将过多的盐分排除体外。

和下颌的表面布满了凹凸不平的小突起，每个小突起里都有一根毛状的触须，可以探测出水中的振动。它的喉咙是由一道道皮肤褶构成的，当鲸张开嘴，原来喉咙的褶都打开，使得它能吞下比它正常宽度宽三倍的食物。

座头鲸用歌声交流。在鲸群中，所有的雄鲸都是以同一首歌曲作为序曲进入繁殖季节的。从繁殖季节开始到结束，雄鲸们一直不停地变换曲目版本。到最后，所有的歌曲都不相同，这些歌曲的确切作用尚未可知，不过应该和交配有关。例如，有些歌曲能吸引来雌性，而另外一些歌曲会警告其他雄性离开。

长年生活在河口湾的海洋哺乳动物不多，港口海豹就是其中的一种。它们生活在北美洲的大西洋和太平洋海岸沿线的河口湾里。港口或普通海豹（Phoca vitulina）的颜色由棕褐到银白，点缀以杂色的斑点或环状花纹。港口海豹体形中等，身体呈纺锤形，圆形的头部，并有类似狗的凸出的口鼻。雄性的体重可达170千克，体长可达100厘米，雌性则稍小。在春夏两季，它们来到河口湾及河里进食。

和其他品种不同的是，港口海豹不会形成大的繁殖群。相反，它们只会三五成群地在河口湾聚集，有时会游到相邻的淡水河湖中。唯一的亲密关系建立在母亲与幼仔之间，幼仔通常会在低潮期间出生在河口湾的泥岸上。出生几小时后，它们就能和妈妈在河口湾里游泳了。雌海豹在为幼仔断奶之前，要抚育孩子一个月左右。夏季的河口湾，水里食物丰沛。海豹幼仔主要捕食虾和其他生活在水底的小甲壳动物，而成年海豹更喜欢吃鱼。

港口海豹的一生中有25%的时间在寻找食物。在不觅食的时候，它们会在海边休息，将头和后鳍抬起，看起来像个香蕉。它们还能在水中像瓶子一样休息，它的头部向后方倾斜，与水面形成直角，看起来就像水中漂浮的瓶子。

港口海豹不会定期迁徙，但它会时不时地四处游逛，希望能找到更好的捕食地点。冬天，河口湾的水快要结冰了。海豹们三五成群地游到大海深处。但它们更经常独自离开几周去觅食。

结　语

脊椎动物是有脊骨的动物，包括鱼类、两栖动物、爬行动物、鸟类和哺乳动物。脊椎动物与河口湾有着千丝万缕的联系，特别是在与陆地环境交界处。但实际上真正长期居住在这里的并不多，其中就包括印度太平洋鳄鱼。这个巨大的爬行动物埋伏在水下直到它的猎物出现在水边，没等受惊的猎物调头要跑，鳄鱼就能张开大嘴咬住它，将其拖下水淹死，或凶残地摇断它的脖子。

另外几种对河口湾环境极为适应的脊椎动物还包括一些龟类。菱纹背泥龟在除了河口湾这种微咸水的环境之外的地方无法生存，因此在淡水和高盐浓度水域不会发现它的身影。这种龟的后肢肌肉发达，这种进化使它即使在汹涌的潮水中也能应对自如。而绿龟、蠵龟、大西洋玳瑁海龟、肯氏龟和棱龟大多偶尔去河口湾小住，而不是长年住在那里。这些迁徙型的大脊椎动物已经有了很多在水环境中的适应性变化，它们的肢进化成了鳍，甲壳也很轻巧，这些特征都非常适合水下的生活。

在河口湾栖息，停留的鸟的数量是惊人的。鸟类被吸引到这里，是因为这里有充足的食物，有筑巢的地方以及相对的安全性。河口湾的鸟类进食分工相当明确，这里有长腿涉水禽鸟，它们在浅水中踱来踱去，仔细寻找小鱼和甲壳动物。还有一些水鸟在水面上盘旋，一旦瞄准猎物就一头扎下水去。这些会潜水的鸟体内有特殊结构，能适应扎进海里带来的冲击力。鱼鹰也从天上扎进水里捕鱼，但当它们浮上水面时会转动身体，这样它们的利爪才能抓住猎物。游泳的鸟类脚趾间有蹼，身体宽大，这样它们才能优雅地漂浮在水面上。撇水鸟贴着水面，张着大嘴飞行，搜掠水面的猎物。

河口湾里的哺乳动物数量不多，但由于体形庞大而相当引人注目。夏季，会有几种鲸来河口湾小住，享受盛宴。白海豚鲸是浑身雪白的鲸目动物，对它来说，河口湾是产仔和休息的好地方。体形更大的座头鲸，以生活在水上层的小无脊椎动物和植物为食，每天从它梳子般的鲸须中排出的水有好几吨重。酒糟鼻海豚是一种体形较小的鲸目动物，长年生活在河口湾地区。

港口海豹也是一种长年生活在河口湾的动物。和其他喜欢寒冷的海豹不一样，它从不迁徙到北方去。作为独居动物，它们有时躺在岸边，有时浮在水面，但大多数时间它们都潜在水下，捕食甲壳动物和鱼类。冬季，港口海豹可能会搬到离海岸稍远一些的地方，但它们永远不会彻底离开河口湾的。

大多数选择河口湾的脊椎动物是被这里丰富的动植物资源和相对安全的环境所吸引。这两点综合起来使河口湾成为了一个绝佳的幼仔的乐园，而且还是迁徙动物们的一个安全的休息港湾。

七 濒临危险的生命

在海岸沿线，由海水和来自江河的淡水混合形成了独特的水环境——河口湾。没有哪两个河口湾完全一样，它们的尺寸、形状、温度以及盐浓度都各有差异。盐浓度会左右水的物理和化学性质，因此究竟哪些动物能在河口湾生活，盐浓度是一个起决定作用的因素。在有河水强劲注入的河口湾通常会形成盐浓度分层的现象，淡水在上，海水在下。盐度高的海水像楔子一样，朝着河水入海的方向插在河口湾水底。相反，在河水注入较弱的河口湾，潮汐的力量占主导地位。这样的河口湾中水被均匀地搅拌，使得盐浓度保持均衡。

大部分的水生物要么适应淡水环境，要么适应咸水环境，不会二者兼顾，只有为数不多的几种能够做到这一点。而其中有些只能在微咸的水环境中生活，还有一些更喜欢生活在和海水盐浓度不相上下的河口湾的水中。河口湾的生物为了适应变化的盐浓度，进化出了特殊的身体结构。

所有的河口湾都是极为高产的生态环境，因为这里最先得到由陆地冲刷下来的营养物质，而且河口湾的循环模式也为河口湾带来了大海中的营养。河口湾中还有很多细菌能将大气中的氮转化成生物可吸收的形式。而在其他的生态环境中，氮通常是一种限制因素，如果氮的水平低就会限制生物的生长发育。

这些丰富的营养供给为快速的光合作用给予了支持。河口湾中的食物生产者包括海藻和水中及沉积物中能进行光合作用的原生生物。在温带河口湾中，绳草是盐水沼泽中的一个重要的生产者。而在热带河口湾，绳草的角色被红树林所替代。

在河口湾，能量传递的方式与森林和草地环境中不同。大部分的绳草、红树林以及海藻都没有被动物吃掉，而是在它们死亡后进入食物链，成了残屑食物网中的能量来源。然后残屑食物网反过来又为河口湾中更大的生物提供了营养。

比起其他的海洋和淡水系统，河口湾里的滤食生物更多。因为这里的绿色原生物生长密集。在河口湾的水中有很多浮游动物消耗不了的单细胞光合作用生物。这些绿色细胞沉在河口湾水底，被牡蛎和蛤蜊这样的滤食者消化。在一些河口湾，滤食动物的数量非常庞大，以至于河口湾里所有的水每隔几天就要被它们滤食一遍。在南卡罗来纳的北入海口河口湾，牡蛎在每次大潮期间能将68% 进入入海口的水过滤一遍。

人类的因素

由于地理位置的原因，河口湾比起其他的海洋生态系统对人类的活动显得更为脆弱。人类已经发现河口湾是修建海港和建立船运企业的好地方。频繁来往的商业及私人船只已经给那里的生物带来了麻烦。

其中一个日趋严峻的问题就是异种，即非本土的品种，它们搭远洋轮船来到这里扩张它们的地盘。很多情况下，来到河口湾的异种能打败原来生活在这里的本土生物，结果就是异种生物占领地盘而本土生物消亡。在圣弗朗西斯科海湾现存的生物中有 90% 是非本土品种。

由于人类的介入，河口湾在其他破坏面前也显得十分脆弱。街道上排出的污水，外溢的化学毒物，空气污染以及很多人为产生的化学品都流进了河口湾。这些东西改变了水质，影响了生活在那里的生物。

远在河口湾上游居住的人们的生活也同样冲击着河口湾。那里修建大坝，将河水转变成饮用水，这势必会减少注入河口湾的淡水量。例如位于佐治亚州和阿拉巴马州之间的察塔胡契河，它由位于佛罗里达的阿巴拉契喀拉湾入海。现在这条河被卷入到一场“三州争水”的战争中。佐治亚州和阿拉巴马州想把这条河的水变成像伯明翰和亚特兰大这些城市的城市用水。而佛罗里达不希望注入阿巴拉契喀拉湾的淡水被减少。经过几年的争论，这个问题仍然在协商中。

未来的援救

曾经一度河口湾和它周围的湿地被认为是废地。为了让它们变得“有用”，人类在这些湿地上排水、挖泥或填土。在美国，1/3 的河口湾是被这种短视的行动毁掉的。现在越来越强的环境意识使很多人明白了河口湾的重要作用，因此，河口湾正受到人们前所未有的重视。

河口湾是商业价值和内在价值兼备的一个地方。说起商业价值，它们为捕虾、捕蟹、捕鱼的人提供了工作。河口湾周围的土地成为吸引民用商用住宅开发商的极具价值的不动产。这里还是旅游胜地，是度假的好去处。

河口湾的内在价值才是它最重要的部分。河口湾的存在就像一个过滤器，将营养、沉积物甚至污染留住，没有让它们再进一步流进大环境中去。由此，河口湾帮助改善了水质。其次河口湾还是海洋风暴和城市之间的缓冲器，保护内陆城市不受破坏。这些湿地还能分散洪水的力量，减弱洪水的破坏力，并保护生活在那里的生物。

由于认识到了它们的重要性，相应的保护现存河口湾的法案，例如 2000 年的“河口湾和净水法案”的出现。在这一法案中，除了制定了一套恢复河口湾栖息地的国家战略，还提倡对河口湾系统的研究和监督。其他的计划要求拆掉大坝和一切减少淡水注入量的障碍，以及那些干扰潮水活动的建筑。在有些相对年轻的河口湾水底，沉积物过厚，人们已开始设法清除。还有些志愿者种上新的绳草，期望这种植物能再次发挥它在河口湾的作用。为了吸引野生动物，人们还在浅水中放了鸟囮子。

修复固然必要，但人类能给自己和这些生态系统的最好的礼物就是不再继续破坏。意识和教育是挽救全世界河口湾体系的关键。在过去这些生态环境发挥了重要的环境及文化方面的作用，如果有了我们的保护，它们会在未来做得更好。

推荐阅读书目

班尼斯特，基斯，安德鲁·坎贝尔，《水生生物百科全书》，Facts On File公司于1985年在纽约出版发行，一本关于海洋和海洋生物的所有方面的书，写得很好，装帧也很精美。

库洛伯，戴博拉·A,《海岸博物学家》,Fireside出版社1990年在纽约出版,是一本对于刚刚开始了解海洋世界的青少年来说很不错的书。

戴维斯，理查德·A,《海洋学：海洋环境入门》。1991年由Wm·C·Brown公司在爱荷华州的杜布克市出版，帮助学生了解海洋，并且对海洋发生兴趣。

迪恩，柯妮莉亚，《和潮汐的斗争》，哥伦比亚大学出版社于1999年在纽约出版。这是一本分析人类活动和自然力量对不断变化的海岸的影响的书。

伊利斯，理查德，《海洋百科全书》，Alfred A Knopf出版公司于2000年出版，一本平实严谨而不失生动的书，以学术的水准向读者介绍了海洋动物。

加里森，汤姆，《海洋学》，沃兹渥斯出版公司1996年出版，是一本向海洋学专业的新生详细描述大海的好书。

卡里斯肯特，乔治，《海洋生物学介绍》，Brooks/Cole－汤普森出版公司1998年于加利福尼亚州的贝尔蒙特出版，介绍海洋生物、它们之间的关系和它们与居住环境之间的关系，是一本引人入胜的好书。

麦卡锡恩，斯考特和芭比·麦卡锡恩，《Fact On File海洋科学手册》，由Fact On File公司于2003年在纽约出版，内容丰富，不仅介绍了海洋环境中的物理因子和海洋生物，还介绍了目前海洋科学中重要的科学家们。

诺瓦克，罗纳德·M等，《旅行者所见的世界海洋哺乳动物》，约翰·霍普金斯大学出版社2003年在巴尔的摩出版，它是一本纵览了海洋哺乳动物的解剖特点、分类和自然史的书。

比奈，保罗·R，《让我们了解海洋学吧》，Jones and Bartlett出版公司2000年在马萨诸塞州的萨德伯里出版，内容包括潮汐和海流的产生原因与影响，同样也描写了海洋居民的进化起源。

普拉格，艾伦·J，《海洋》，麦格罗·希尔国际出版公司2000年在纽约出版，从进化的角度审视了地球上的海洋生命。

李维斯，兰道尔等，《世界海洋哺乳动物指南》，Alfred A Knopf出版公司2002年于纽约出版，有很多精美的彩色插图，是一本百科全书式的关于海洋哺乳动物的书。

瑞斯，托尼，《深海》，史密森尼博物馆出版社于2000年在华盛顿特区出版，一本关于深海生物的极具视觉冲击力的书。

斯韦德鲁普，基斯·A，艾琳·C·杜克伯瑞和埃里森·B·杜克伯瑞，《世界海洋介绍》，麦格罗·希尔国际出版公司2003年在纽约出版，一本通俗易懂的书，介绍了物理海洋的很多方面，包括海底和海洋的物理特性等。

托马斯，大卫，《海藻》，史密森尼博物馆出版社于2002年在华盛顿特区出版，这本书阐释和描述了很多种藻类，从显微镜下才能看清的藻类到巨藻，种类丰富多样。

索恩-米勒，博伊斯和约翰·G·戈特纳，《充满生命的海洋》，地球之友于1991年在华盛顿特区出版，一本关于海洋生物的生物多样性缺失的书。

华勒，杰弗里，《海洋生命：海洋环境完全指南》，史密森尼博物馆出版社于1996年在华盛顿特区出版，这本书主要描述了海洋丰富的令人吃惊的生物多样性。

相关网站

伯德，乔纳森，海洋生物为了生存所做的适应，海洋研究组，1996，可在线浏览，网址：http://www.oceanicresearch.org/adapspt.html。文章发表时间是2004年3月19日，是对同名的科普电影的回顾和总结，那部电影描述和介绍了一些盐水中生存的海洋生物的适应机制。

布切海姆，詹森，“鱼类学快速教程”，Odyssey Expedition公司，可在线浏览，网址：http://www.marinebiology.org/fish.html。发表于2004年1月4日，详尽地介绍了鱼类的生理学。

“自然保护：为什么我们要保护珊瑚礁？”，珊瑚礁教育网，澳大利亚环境署，可在线阅读，网址：http://reef.edu.au/asp_pages/search.asp。本文发表于2004年11月18日。这个网站是一个非常好的网站，致力于保护生活在珊瑚礁里的生物和珊瑚礁的健康生存。

杜菲，J·伊梅特，“水下的城市的喧闹居民：海绵里面居住的绒毛鼓虾，迄今所知的唯一形成像蜜蜂和黄蜂那样的社群的海洋生物”，自然史，2003年12月，可在线阅读，网址：http://www.findarticle.com/cf_dls/m1134/10_111736243/print.jhtml。发表于2003年12月，这是一本可读性很强的、很吸引人的书，介绍了虾和其他动物的社会性行为。

“生长在螺类体内的真菌”，美国科学院学报，第100卷第26期（2003年12月4日），可在线阅读，网址：http://www.pnas.org/cgi/content/abstract/100/26/15643。是一篇写得很好、很有深度的文章，分析了螺类让真菌生长在它们身体里，同时还可以把真菌作为它们的食物的共生现象。

海洋河口研究所网站，可在线浏览，网址：http://www.gma.org/about_GMA/default.asp。于2004年1月2日开放，是一个易懂的而且更新很快的研究性网站，内容涵盖所有类型的海洋生物。

“生境指南：海滩和海岸线”，自然电子版，可在线阅读，网址：http://www.enature.com/habitats/show_sublifezone.asp?sublifezoneID=60#Anchor-habitat-49575。发表于2003年11月21日，它是一个面向年轻人的网站，为他们提供容易理解的关于生物、生物生境和海洋环境物理因子的科学知识。

胡珀，布莱恩·T，“气候变化在海洋中的记载：海洋有孔虫类的化石”，史密森尼自然史博物馆，1993年7月发表，可在线阅读，网址：http://www.nmnh.si.edu/paleo/marine/foraminifera.htm。简要地介绍了有孔虫的自然史。

“资料索引”，野生生命的保卫者，可在线阅读，网址：http://www.kidsplanet.org/factsheets。发表于2004年11月18日，这个优秀的网站包括了对多种海洋生物的描述，不仅适合孩子们阅读，也适合成年人阅读。

金县海洋网，可在线浏览，网址：http://www.splansh.metrokc.gov/wlr/waterres/marine/index.html。开放于2003年12月2日，一个好得令人觉得不可思议的关于海洋所有方面内容的网站，不过它着重强调海洋生物。

迈普斯，简妮弗，“联合国的科学家关于灾难性的全球变暖的警告”，国家地理新闻网，2001年2月6日发表，网址：http://news.nationalgeographic.com/news/2001/02/0206/_climatel.html。可在线阅读，依据现有资料作出的一流的关于全球变暖后果的概述。

美国国家海洋和大气管理局网站，可在线浏览，网址：http://www.noaa.gov/。一个高质量的网站，提供和海洋、海岸、大气、科研项目有关的新闻、研究报告、图表和照片。

“资源指南，初、高中教学资源：物理参数”，海洋学者教育服务联合会，可在线阅读，网址：http:// www.coast-nopp.org/toc.html。开放于2003年12月10日，是一个面向学生和教师的网站，内容包括科学知识和各种活动。

“澳大利亚的海蛇”，澳大利亚环境署珊瑚礁研究中心，可在线阅读，网址：http://www.reef.crc.org.au/discover/plantsanimals/seasnakes。发表于2004年11月18日，是一篇关于海蛇的分类、繁殖、海洋环境和保护信息的文章。

美国鱼类和野生生物保护网，可在线阅读，网址：http://www.fws.gov/，联邦环境保护委员会的网站，内容广泛，包括渔业、受威胁的生物、海洋环境和环境保护方面的新闻。

译者的话

非常有幸能有机会翻译这样一本书，在翻译的过程中，我时常有这样的念头，等到我女儿上中学的时候，我会把这套丛书推荐给她看。因为我想在她那个求知若渴的年纪，这样的书籍一定会令她大快朵颐。海洋对于人类来说永远充满着神秘和无穷的魅力，千百年来，人类从没有停止对海洋的探究与开发，但似乎海洋中永远有我们未知的角落。希望热爱大自然的青少年朋友和父母一起通过这本书认识海洋，关注海洋。在这里我要特别感谢朱兰英、沈林娜、张凡姗、程方平、王中华等同志，没有他们的热心帮助和支持，我的翻译不会如此顺利地完成。

崔 岚

2006 年 3 月